空天飞行器动力装置

主编　骆广琦　王如根

国防工业出版社
·北京·

内 容 简 介

本书以空天飞行器动力装置的涡轮喷气发动机、涡轮风扇发动机、变循环发动机、预冷却发动机、冲压发动机(包括亚燃冲压和超燃冲压)、火箭发动机以及组合发动机(包括涡轮冲压组合、涡轮火箭组合、涡轮冲压火箭组合等)、新概念发动机等为对象,介绍其基本原理、发展概况、关键技术、发展方向等。

本书可作为航空航天动力专业大学生、研究生的基础教材。由于高超声速飞行是空天飞行器的基本特征,因此本书经过合理取舍,也可用于高超声速飞行器动力装置的教学,还可以作为从事航空航天动力方面的技术人员、管理人员的参考书。

图书在版编目(CIP)数据

空天飞行器动力装置/骆广琦,王如根主编.—北京:国防工业出版社,2018.11
ISBN 978-7-118-11706-6

Ⅰ.①空… Ⅱ.①骆… ②王… Ⅲ.①飞行器-动力装置 Ⅳ.①V421.4

中国版本图书馆 CIP 数据核字(2018)第 240691 号

※

*国防工业出版社*出版发行

(北京市海淀区紫竹院南路 23 号 邮政编码 100048)
北京虎彩文化传播有限公司印刷
新华书店经售
*
开本 787×1092 1/16 印张 12¼ 字数 278 千字
2018 年 11 月第 1 版第 1 次印刷 印数 1—1000 册 定价 98.00 元

(本书如有印装错误,我社负责调换)

国防书店:(010)88540777 发行邮购:(010)88540776
发行传真:(010)88540755 发行业务:(010)88540717

前　　言

空天飞行器,也称空天飞机、重复使用运载器,是一种能像普通飞机一样,既能在地面上水平起降,又能直接飞入太空,在地球外层空间轨道上运行并在外太空和大气层之间自由起落的飞行器。

空天飞行器集飞机、运载器、航天器等多重功能于一身,既能在大气层内作高超声速飞行,又能进入轨道运行。它通过提高运载器本身的可靠性,采用多次重复使用、费用均摊的原则,可以大大降低发射费用;通过采用新的设计理念和先进的发射方式,能缩短发射周期、提高发射的机动灵活性。

空天飞行器是未来军、民用飞行器的战略发展方向,一旦研制成功并投入使用,必将给航空、航天、军事、商业等方面带来巨大的、革命性的影响。以军事应用为例,空天飞行器具有反应迅速、战场生存力强、有效载荷高、任务使用灵活等诸多优点,是目前世界各军事大国重点发展的空天武器装备,而动力装置是空天飞行器发展的最关键装备之一。

目前,我国空军正处在从"国土防空"向"空天一体、攻防兼备"战略转变的关键时期,为满足新军事变革和部队装备发展对人才培养的需要,特编写本书。本书的内容体系是以可作为空天飞行器动力装置的涡轮喷气发动机、涡轮风扇发动机、变循环发动机、预冷却发动机、冲压发动机、火箭发动机和脉冲爆震发动机等为对象,介绍其基本原理、发展概况、关键技术、发展方向等。由于高超声速飞行是空天飞行器的基本特征,因此本书经过合理取舍,也可用于高超声速飞行器动力装置的教学。

全书共分 10 章,由骆广琦教授主编。在本书的编写过程中,参考了刘大响院士、方昌德研究员等名师大家的专著、论文等,得到了学院机关、教研室同仁的大力帮助。张发启副教授对本书进行了仔细审阅,并提出了许多宝贵意见,在此一并表示衷心感谢。

由于空天飞行器动力装置还处在发展阶段,加之作者水平有限,书中疏漏之处欢迎同行专家和读者批评指正。

编者
2017 年 5 月

目　　录

第1章 绪 论

自1903年莱特兄弟发明飞机之后,经过40多年的努力,人类又于1947年突破"音障",进入了超声速飞行的时代。人类没有满足于这一辉煌的成就,紧接着又向"热障"冲击。突破"热障"虽然没有明显的标志,但20世纪60年代服役的SR-71巡航速度可以超过马赫数3.0,表明美国能解决"热障"带来的诸多问题。X-15研究机创造了飞行速度马赫数6.72、飞行高度达107km的飞行纪录,为人类打开了高超声速飞行的大门。但是,导弹的发展和成功转移了人们的注意力,研制火箭、飞船和航天飞机耗费了巨额资金,高超声速有人驾驶飞行器被冷落了15年。

空天飞行器兴起的主要背景和直接原因可归纳为以下三点。

(1) 人类低成本进入太空的需要。随着空间活动的增多和空间站的建立,一次使用的火箭、飞船耗资巨大,为了降低发射成本、缩短发射周期,美国研制了航天飞机。然而航天飞机的发射成本与当初的设想相去甚远,每次发射仍需要5000人支援,费用虽然有所降低,但仍不能满足大规模开发太空的需要。人们需要一种经济、安全,能够像普通飞机一样起降并且能往返于天地之间的飞行器,这就是空天飞行器。这也正是空天飞行器兴起的原因之一。

(2) 军事斗争的需要。人类不仅看到了航天在通信、导航、气象、测绘和地质勘探等民用领域的巨大价值和广阔发展前景,而且发现了其在情报搜集、战场通信、作战指挥、武器制导等军事方面的巨大优势和潜在价值。早在20世纪60年代初,美苏初步探索太空时,美国总统肯尼迪就明确指出:"争夺宇宙霸权是未来10年的主要内容,哪一个国家能控制宇宙,它就能控制地球,谁控制了空间,谁就控制了战争的主动权。"可以预料,人类在太空中将展开一场前所未有的、以开发利用太空丰富资源和争夺制天权为主要内容的大竞争,航天武器装备将会得到更加迅速的发展。空天飞行器将是21世纪的空中"全能超级明星",特别是随着空天飞行器制造技术的日益成熟,空天飞行器的参战将使传统的作战样式产生革命性的变化。届时,空战和太空战将融为一体,空天战的突然性将加大,防空作战将向空天一体防空天扩展。

(3) 人员和货物快速运输的需要。世界经济和贸易的发展使人员交往和货物运输日益频繁,人们希望把横跨太平洋的十几个小时的飞行缩短到一两个小时,这就是美国前总统里根提出的"东方快车"计划,研制马赫数6左右的高超声速运输机。这种飞机虽然不必进入轨道,但高超声速飞行的技术基础是相同的,可以说,高超声速飞行器属于空天飞行器发展的一个分支。

1.1 空天飞行器的发展概况

1.1.1 美国

美国空军发展军用空天飞行器是从冷战时期开始的,已有近40年的历史,曾进行过有关科学技术开发、设计和任务研究,也实施过工程研制计划。例如:20世纪50年代后期到60年代初期的航空航天飞机和X-20项目;20世纪50年代到70年代初期的X-15极超声速和X-24升力体飞行试验计划;20世纪80年代初期的先进空间飞行能力(AM-SC)、跨大气层飞行器(TAV)和军用航空航天飞行器(MAV)的概念和任务研究;1984—1992年进行的名为"铜谷"(CopperCanyon)的吸气式单级入轨(SSTO)可行性评估和国家航空航天飞机计划(NASP);20世纪80年代初期的科学黎明(ScienceDawn)、科学领域(ScienceRealm)和占有区域(HaveRegion)火箭动力吸气式单级入轨(含X-33等项目)可行性评估和技术验证计划。

美国实施空天飞行器计划的最终目的,就是要发展一种从美国大陆普通军用机场起飞,能在不到2h的时间内攻击远在1.6万km之外任意目标的高超声速武器系统,后来又演变成从美国大陆投送和应用兵力(FALCON)计划,目的是研制一种实现快速全球打击的高超声速武器系统,可在2h内到达并攻击地球上任意地点。

1. X-20计划

美国早期的军用无人空间飞机的典型计划是X-20,目的是发展作为空间武器应用的有人驾驶飞行器,可用于多种军事任务,包括侦察、弹药投送、空间救援、卫星维护、破坏敌方卫星等。可以说,研制空天飞行器的后续计划是当年X-20计划的继续和发展。

X-20计划始于1957年10月,至1963年12月结束,其飞行器名为"动力高飞"(Dyna-Soar)(图1-1),是空天飞行器的雏形,以洲际弹道导弹的速度推进和飞向远距离目标,而且可以像普通飞机那样由驾驶员控制在机场着陆,而不是用降落伞着陆。它也可以像"水星""双子星座"飞船那样飞到地球轨道,这使得"动力高飞"较同期的其他载人飞行器具备更先进的性能。因此,该项目获得的数据对后来的航天飞机和当今的空间飞机设计都具有重要的参考作用,可以说是空天飞行器发展的基础。

图1-1 "大力神"火箭发射"动力高飞"飞行器

2. X-30 计划

X-30(图 1-2)计划是美国国防部和美国航空航天局(NASA)为研制高超声速研究机而实施的计划,同时也是美国国防高级研究计划局 1986 年提出的国家空天飞机(NASP)计划的组成部分。其目的是开发验证用于高超声速飞行的基础技术,以便制造在技术、成本及应用上更为先进的航天运输系统和军民两用飞机。X-30 能水平起降,单级入轨,具有高超声速。由于研制难度太大和研制费用过高,当时 X-30 计划仅仅停留在缩比模型研究阶段。1994 年 11 月,美国政府取消了美国航空航天局耗资巨大的国家空天飞机计划,X-30 试验机也随即下马,因而没有建造任何全尺寸实体样机。

图 1-2　X-30 飞行想象图

3. X-33 计划

1994—1996 年,由美国空军大学、空军科学技术顾问委员会完成的一系列关于未来军事装备的研究报告,均建议把空天飞行器作为其后 20~30 年最重要的武器装备之一,这就是当时提出的 X-33 计划。1996 年 7 月,美国航空航天局把 X-33 飞行器(图 1-3)作为可重复使用运载器验证器发展,其合同授予了洛克希德·马丁公司,由洛克希德·马丁公司研制一种可重复使用的运载器技术验证飞行器,并进行飞行试验,为研制可完全重复使用的实用型运载器突破相关的关键技术,飞行器的验证型号名为"冒险星"(Venture-Star)。

图 1-3　"冒险星"飞行器

X-33 计划的目标是把 11.35t 有效载荷送到地球轨道。美国航空航天局希望它能比老一代航天飞机节省 90% 的发射费用。初步的研究结果是,X-33 只能采取垂直发射、水平降落方式,但可以仅依靠自身发动机和内置燃料,无须任何外挂燃料的辅助燃烧动力就能入轨,这样不但能节省大量人力、物力,同时还能大大缩短相邻任务之间的准备时间。为了达到这一目的,设计者们开发了一种新型的气塞式火箭推进器,以使飞行器以 18 倍声速的速度飞行。同时,为减小质量,X-33 采用新型轻质复合材料。美国航空航天局原计划在 1999 年 7 月 4 日制造出样机,在 1999 年 7 月 26 日让样机进行马赫数为 7 的第一次飞行。但由于技术难度太大,X-33 技术验证机的研制任务未能如期完成。在经过 5 年的研究后,2001 年美国航空航天局和空军宣布耗资 12.6 亿美元的 X-33 技术验证机的研制计划取消。

4. X-37 计划

1996 年,美国航空航天局率先提出未来-X 计划(即后来的 X-37 计划),主要是对所选择的可重复使用运载火箭(RLV)技术进行评估。其长期计划目标是:先研制几个相对低成本的"探路者"(Pathfinder)飞行器,每个飞行器侧重于可重复使用运载火箭某一方面的技术;然后研制集成"探路者"试验技术的"开拓者"(Trailblazer)飞行器,更进一步验证可重复使用运载火箭技术。

为了实现"探路者"任务目标,美国航空航天局和工业公司合作开发。波音公司提出了基于美国空军 X-40 空间机动飞行器的飞行器,这就是 1999 年与美国航空航天局签订合同研制的 X-37A 飞行器。2000 年,美国空军也加入了该项目。X-37A 采用的是 X-40A 的 120% 比例机架,但全部按空间飞行装备,包括轨道机动的火箭发动机、先进的可重复使用热防护系统、有效载荷舱,以及用于轨道和大气飞行的导航/飞行控制系统。实际上,X-37A 与美国空军规划的 X-40B 空间机动飞行器任务是相同的。2001 年,X-37A 的缩比模型进行了一系列大气层试验。为了降低 X-37A 的技术风险,2001 年还用 X-40A 通过直升机释放进行了自由飞行试验。

根据与美国航空航天局 1999 年签署的合同,进行了 3 年多的技术开发后,波音公司于 2002 年 11 月获得美国航空航天局授予的 3.01 亿美元合同。合同包括研制 X-37A 再入大气层和在地球着陆试验飞行器,并进行一系列再入和着陆试验,之后设计出可进行轨道飞行试验的 X-37A 新型航天飞机。X-37A 主要用于轨道飞行和再入验证,重点验证热防护系统和制导导航控制。

2004 年 1 月,布什政府提出了"太空探索新构想",决定停止低地球轨道载人航天计划,实施载人重返月球计划,为载人登火星做准备。美国航空航天局为了集中力量研制新的月球探索飞行器,在 2004 年 9 月将作为载人航天飞行试验床的 X-37 计划移交给国防高级研究计划局(DARPA)和空军。因此,X-37 计划成为在美国 X-20 军用空间飞机计划取消后第一个作战型无人军用空间飞机计划,而 X-37 无人空天飞行器(图 1-4)也成为国防高级研究计划局从美国大陆投送和应用兵力计划的第一个预研型号。最初,美国计划用航天飞机货舱把 X-37 送入轨道,后改由"德尔塔"-4 或与之相当的火箭发射。

自从美国国防高级研究计划局接手 X-37 计划以后,X-37 技术验证器——"再入接近和着陆试验飞行器"(ALTV)进行了一系列机载试验。"再入接近和着陆试验飞行器"确认了 X-37 飞行器飞行动力学特性,在美国航空航天局早期进行的低速度和低高度试验基础上能扩大飞行范围。但根据当时的配置，它只能用于机载试验，不能进行空间飞行。

2006年，X-37A进行了3次自由滑行飞行。2006年11月，美国空军宣布，在美国航空航天局的X-37A基础上，继续发展X-37系列，研制X-37B。X-37B将成为在地球轨道上的全球打击平台，可从事情报收集、发射小卫星、测试太空设备等工作。根据空军的计划，首先设计X-37B轨道试验飞行器(图1-5)，由美国国防高级研究计划局、美国航空航天局和空军投资，空军快速能力办公室牵头，波音公司为主承包商。根据空军的声明，轨道试验飞行器的任务目标是：为可重复使用的空间飞行器技术进行降低风险、试验和操作概念开发，以支持长期发展目标。

图1-4　X-37无人空天飞行器

图1-5　X-37B轨道试验飞行器示意图

5. X-40计划

1996年10月，美国空军研究实验室的军用空间飞机技术办公室授出了研制空间机动飞行器(SMV)的技术验证器和试验飞行器合同。空间机动飞行器定义为无人驾驶的可重复使用飞行器，可用航天飞机或一次性运载火箭发射，能在轨道上机动运行1年，然后全自主滑翔再入，在预先指定的跑道水平着陆。当时设定的任务目标是能将小型有效载荷送入低地球轨道，对卫星进行远距离检查和轨道侦察。

空间机动飞行器实际上是带有V形尾翼的有翼升力体，装有3轮的起落装置和GPS/惯性导航系统(INS)的精确导航系统。空间机动飞行器项目中研制的第1个飞行器名为"集成化技术试验床"(ITTB)，是90%缩比无动力形式，主要任务是低速接近地面和着陆试验。1997年，"集成化技术试验床"定名为X-40A(图1-6)，并进行了充分的静态试验，1998年进行了第1次飞行。此后不久，美国空军决定将X-40A转给美国航空航天局，作为X-37计划缩比低速接近与着陆试验床，而全尺寸的空间机动飞行器定名为X-

图1-6　X-40A飞行器

40B。X-37A 和 X-40A 主要参数对比如表 1-1 所列。与 X-40A 相比,X-40B 增加了液体推进剂火箭推进系统、可重复使用的热防护系统,以及背部有效载荷机架和其他空间操作需要的系统。在 1998 年 X-40A 进行第 1 次飞行之后,美国空军未再规划 X-40B,其技术也由 X-37A 吸纳。

表 1-1　X-37A 和 X-40A 主要参数

	X-37A	X-40A
长度/m	8.38	6.70
翼展/m	4.57	3.51
高度/m	2.76	2.20
质量/kg	5400	1200
速度	马赫数 25(再入时)	亚声速
推进剂	AR2-3 液体燃料推进火箭	无

6. X-41 计划

由于 X-40A 只能将卫星或武器带到 160.4～320.8km 之间的低地球轨道,而要把卫星和武器发射到更高的轨道,使用 X-40A 投送时 X-40A 将不能回收。于是,美国军方又开始实施"飞得更高"的 X-41、X-42 计划。X-41 是通用航空航天飞行器的试验飞行器,具有机动性再入可回收性能,可携带各种有效载荷,沿亚轨道飞行,再入大气层时在大气层将所携载荷放出。作为美国军用空间计划(MSP)的重要一环,X-41 可由弹道导弹、飞机或航天飞机进行部署,其可能配备的武器载荷包括 1 枚 450kg 的战斗部炸弹、4 枚小直径炸弹或 6 枚微型导弹,具有攻击范围更广、作战费用更低等优势。

7. X-43 计划

X-30 计划取消后,美国又发展了高超声速-X(Hyper-X)计划,其中 X-43 计划是研究核心。X-43 计划包括 X-43A、X-43B、X-43C、X-43D 共 4 个型号。X-43A(图 1-7)与 X-30 在外形上十分相似,而且发动机方案也都是采用机身一体化的超声速燃烧冲压发动机。美国航空航天局建造了 3 架 X-43A,每架长约 3.66m,由一枚"飞马座"火箭发射升空,目的是利用这些飞行器探索高马赫数的喷气发动机和超声速冲压喷气发动机的性能。由于运载器出现问题,首架 X-43A 在 2001 年 6 月 2 日试飞失败。2003 年 12 月第 2 架 X-43A 试飞,以马赫数 7 飞行,之后返回地球。第 3 架 X-43A 在 2004 年春试飞,马赫数达到 10,在实际飞行中极超声速段持续了几秒钟。

图 1-7　X-43A 飞行器

8. X-51 飞行器

X-51 起源于美国空军 1995 年推出的 HyTech 计划,可贮存燃料超燃冲压发动机流道概念(SFS-FC)计划是 HyTech 计划重要的组成部分,目的是验证马赫数 4~8 的碳氢燃料超燃冲压发动机的可操作性、性能和结构耐久性,1999 年 SFS-FC 计划更名为碳氢燃料超燃冲压发动机技术(HySET)计划。2002 年空军与 NASA 达成一致,计划利用后者 Hyper-X 计划中的 X-43C 飞行器对 HeTech 计划发展的发动机进行飞行试验。但在 2003 年,NASA 取消了 X-43C 计划,而空军则继续用自己的经费支持计划的进行,并重启之前低成本快速反应导弹验证机(ARRMD)计划中的乘波体方案验证 HyTech 计划发展的超燃冲压发动机。在 2005 年美国国防高级研究计划局(DARPA)加入了空军的计划,并将计划命名为超燃冲压发动机验证机(SED)计划。2005 年 7 月,空军将该计划列入 X-Plane 系列中,命名为 X-51A SED 飞行器。

X-51 高超声速巡航导弹(图 1-8)有一个扁平的头部、弹身中部设有 4 片可以偏转的小翼(襟翼)和腹部进气道,它的设计飞行速度为马赫数 5.0(近 6000km/h)。X-51 导弹采用了乘波构型设计概念,通过专门设计的尖锐头部,可以形成按精确角度分布的激波系,使激波系产生的所有压力直接作用在导弹下方,从而为导弹提供额外升力。同时,头部形成的激波系还能起到压缩空气的作用,有助于 X-51 发动机的燃烧过程。进气道的压缩空气经过一个隔离段后,将气流调节到适合于燃烧室工作需要的稳定压力,随后和雾化了的 JP-7 喷气燃料混合点火燃烧。因为高超声速飞行产生的温度高达 4500℃,燃料还可作为冷却剂,以避免发动机壁面被熔化。

图 1-8   X-51 飞行概念图

X-51 新型导弹试验的目的是为了用于军事行动,一旦试验成功,美国就会寻找攻击目标,这也是人们最担忧的一点。在被问及 X-51 的主要攻击对象时,五角大楼的专家们都无一例外地说这主要是针对藏匿在世界各个角落的恐怖分子。但是,从美国媒体的一些报道中还是能够看出一些弦外之音,有武器专家称:"我们的目标是要对付世界各地的任何对手,包括传统的,也包括非传统的。"有军事专家指出,对于连肩扛式防空导弹都难以得到的恐怖组织来说,美军经常面临"得不偿失"的尴尬局面,即必须以价值高昂的巡航导弹去攻击阿富汗山洞里的几个拿着半自动步枪的恐怖分子。要是真把 X-51 这样世界上最先进的巡航导弹用到反恐战争上,那美国可真是太舍得下血本了。其实,只要稍加分析就知道,像 X-51 这种武器,不大可能用来对付那些藏在山洞里的恐怖分子,除非是对本·拉登这样有价值的恐怖头目。在这个"小目标"的背后,隐藏着美国更大的雄心,即保持在世界军事技术竞争中的绝对优势地位,防止出现任何可能的竞争对手,在必要时,美国将有能力对那些有价值的核心目标实施更为敏捷的远程攻击。

与洲际战略弹道导弹相比,X-51 导弹具有更大的机动优势,当带有 X-51 导弹的作战飞机升空后,地面决策指挥官可以有充分的时间对各种情报做出及时的反应,作战飞机既不用像潜艇那样要寻找有利的攻击位置,发动攻击的决策指令也不需要由总统办公室做出,因为即使情报错误造成错误攻击它所会带来的破坏也比洲际战略弹道小得多。此外,由于 X-51 不需要载机冒着危险飞过他国领空,特别是有核国家,从而无须担心会引发国际纠纷甚至存在引发核大战的风险。

迄今为止,X-51 共进行了 2 次试验飞行。首次试验于 2010 年 5 月进行,在此次试验中,飞行器速度达到了马赫数 5,但未能实现点火时间达到 300s 的目标。第二次飞行试验于 2011 年 6 月进行,由于超燃冲压发动机未能转入完全工作状态而提前终止。据称,未来还需要进行若干次试验,以便为研究人员提供更多有关空气动力、发动机性能和加热等方面的数据。

1.1.2 英国

1. "霍托尔"

英国是研究空天飞行器起步比较早的国家。美国、苏联、法国、日本都有一个航天飞机的发展阶段,然而英国一开始就提出了水平起降单级入轨的"霍托尔"(HOTOL)空天飞机方案,因而引人注目。1982 年 10 月,英国提出这种飞机的设想,1984 年在英国的法恩巴勒航展上,"霍托尔"空天飞行器方案首次公布,1985 年又在巴黎航展上再次露面,引起航空航天界人士的关注。"霍托尔"方案在技术上的先进使它更像一架高超声速飞机,但其动力装置能否研制成功也引起一些怀疑。1985 年 10 月,由英国政府和工业界各投资一半(总计 420 万美元)开展为期两年的概念验证计划,确定"霍托尔"方案的可行性。

"霍托尔"的核心技术是英国的阿兰·邦德(Alan Bond)发明的"吸空气式秘密发动机"。这项专利被罗·罗公司买走之后,代号为 RB545"燕子"。经过两年的验证,罗·罗公司称,"燕子"吸气式发动机产生的推力持续能力比预计的要好。英国空间研究中心的发言人也说:"罗·罗公司取得了重要技术突破。"因此,英国上院科学技术委员会建议政府增加空间活动拨款,希望政府维持"霍托尔"太空飞机的研究。但是,"霍托尔"空天飞机计划需要投资 50 亿英镑,"霍托尔"能够带来的利益需要数十年才能实现,英国政府没有经费继续支持这个项目。因此,英国航宇公司积极争取国外合作,沙特阿拉伯是他们正在争取的伙伴。苏联也表示愿意与英国在发展空天飞行器方面合作。

英国的"霍托尔"设计方案已做过多次修改,但总体设想基本没变。它设计的出发点是注重航天运输系统的经济性,要求载货和载人飞行分开,载货采用无人驾驶,每年飞行 50 次,在轨道上停留 12100h,每次起飞需要的人力为 250 人,不像美国的航天飞机需要 5000 人。

"霍托尔"起飞时借助于起飞滑车,滑车可以选无动力的,也可以是带动力的。滑行约 3500m,达到 280kn 的速度后起飞,用吸气式发动机加速到马赫数 5、高度 26km 后转换为用火箭发动机,继续推进到90km高度并达到入轨速度,完成轨道飞行任务后,水平着陆。

"霍托尔"太空飞机技术数据如表1-2所列。

表1-2 "霍托尔"太空飞机技术数据

起飞总重	250t	空重	50t	有效载重	7t
起飞推力	1110kN	结构占总重	10%	发动机占总重	5%
系统占总重	2%	液氢占总重	25%	液氧占总重	55%
有效载荷占总重	3%	机长	62m	翼展	28m
机身直径	7m	商载舱尺寸	7.5m×4.6m		

2. "云霄塔"

"云霄塔"(Skylon)太空飞机(图1-9)是由英国私人投资的反应引擎公司(Reaction Engine)提出的水平起降、单级入轨重复使用的运载器方案,该方案由英国20世纪80年代提出的"霍特尔"太空飞机方案发展而来。根据目前的具体设计,"云霄塔"太空飞机长约83.3m,机身最大直径6.75m,翼展25.4m,空重53t,推进剂质量277t,额定起飞质量约345t,吸气模式下发动机的比冲达到35000N·s/kg,火箭模式下发动机的比冲为4500N·s/kg,火箭模式下节流率为55%~100%。预期运载能力约为低地球轨道11.3t,未来设计目标将达到16.5t。"云霄塔"太空飞机设计能够在着陆后两天内再次起飞,在其寿命周期内可执行约200次飞行任务。"云霄塔"太空飞机的简要构成如图1-10所示。

图1-9 "云霄塔"(Skylon)太空飞机想象图

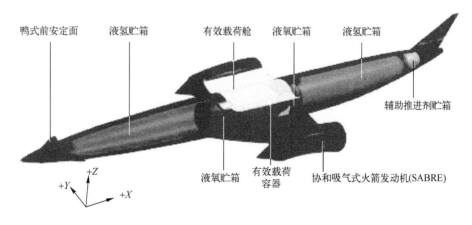

图1-10 "云霄塔"(Skylon)太空飞机简要构成

根据设计,"云霄塔"太空飞机起初只能运送货物,经过小幅改造后能携带约 30 名乘客,增压乘员舱能替代货运舱安置在"云霄塔"的有效载荷舱。与美国航空航天局的航天飞机和多数太空飞机设计不同,"云霄塔"不需要助推火箭协助升空,其自身就是一种利用独特的混合喷气/火箭发动机的单级入轨运载器。

2011 年年初,美国航空航天局(NASA)和欧洲航天局(ESA)分别对"云霄塔"方案进行了独立的设计评审,两方均对该方案表示相当乐观。2011 年 5 月,欧洲航天局的推进系统专家们对"云霄塔"方案的细节进行了评估,并得出了"该方案没有任何疑点"的结论。

"云霄塔"太空飞机使用 2 台协和吸气式火箭发动机(SABRE)提供动力。该发动机有两种工作模式,在飞行的第一阶段发动机将像喷气式发动机一样工作,从大气中吸入氧气与自身携带的氢共同作为推进剂燃烧产生推力,直至飞机高度达到 28.5km、速度达到马赫数 5。此后,SABRE 将转入更传统的火箭运行模式,燃烧自身携带的氢和氧产生动力以进入空间轨道。

"云霄塔"太空飞机的结构更类似于飞艇而不是传统的运载器或航空器。其主体构架是一种采用支杆支撑的、类似格子的结构,支杆采用碳纤维增强塑料制成,支杆之间的连接件采用钛合金制造;外表面采用波纹状增强玻璃陶瓷气动壳体;非结构性铝合金贮箱通过凯芙拉纤维带悬挂在主体构架内。

"云霄塔"太空飞机机身横断面采用了双层结构,这种结构能够使贮箱压力降到最低,气动壳体仅设计用来承载局部气动压力载荷。"云霄塔"的外部与典型的航空器不同,外表面不是传统的承载外壳。所有的飞行载荷都由"云霄塔"太空飞机内部的格子状结构承载。外部的气动壳体由 300mm×300mm 的正方形碳/碳化硅面板组成,这种面板热导率低,附着具有柔性,在再入过程中通过热膨胀的方式起防热作用。

整个机身由数层增强的玻璃陶瓷材料和多层金属防热板覆盖以起到主要的热防护作用。透过隔热毡、陶瓷防热材料以及 10 层金属箔片进入机身内部的热量使机身内的温度上升。最后一层金属箔片用于保护液氢贮箱。在机翼内部安装有几条低温管线以降低这里的温度。为了更好地从贮箱以及头锥吸走热量,采用了主动冷却的方法,即在这些关键部位安装了 0.1mm 厚的薄铝片,铝片上有冷却管道,管道中有来自辅助推进剂贮箱的液氢流动以带走热量。

"云霄塔"太空飞机的动力主要由 2 台 SABRE 发动机提供。此外,"云霄塔"太空飞机后部安装有 32 台反作用控制系统推力器和 2 台推力为 40kN 的轨道机动发动机。

1.1.3 俄罗斯

与其他武器装备的研制一样,俄罗斯在空天飞行器研制方面也开展了大量卓有成效的研究工作,先后开展过"螺旋计划",研制成功了"暴风雪号"航天飞机,但最有应用前景的当属"多用途航空航天系统"(MAKS 系统)。

从 20 世纪 80 年代中期开始,航天活动出现了新动向,一些航天大国开始研制新型航空航天运输系统,苏联/俄罗斯闪电科学生产联合企业就已开始实施 MAKS 计划,甚至是在"暴风雪号"飞行之前。该计划充分利用了螺旋计划、"布拉风"试验机计划和"暴风雪号"的经验与成果。

MAKS 可用于执行广泛的太空任务,是一种两用空天飞行器,既可完成军事任务,也能用于其他目的。其中包括:对地球上的任何一点进行侦察;向近地轨道发射和从那里回收有效载荷;各类太空设施的运输保障;轨道应急救援;进行科学与工艺试验;对太空进行国际监督;对太空和地球表面进行生态监控;在真空和微重力条件下制造晶体、生物制品和其他材料。

与运载火箭相比,MAKS 系统具有以下优势:

(1)发射成本低。它将 1kg 有效载荷送上基准轨道(高度 200~300km)的费用只有 1000~1500 美元,而一次性运载火箭为 12000~15000 美元/kg。它的发射费用也低于航天飞机("暴风雪号"和美国航天飞机)。

(2)具有机动发射能力,这是它与航天飞机的不同之处。它能将航天器送上任何轨道,并可以向任何方向发射。

(3)发射时机也不受轨道要求的限制。

(4)在从轨道返回时可进行横向和纵向的广泛机动。

(5)使用效能高,可运回有效载荷并进行多次使用。除外挂燃料箱外,MAKS 的主要系统均可重复使用。

(6)可利用现有的一级飞机场,只需再配备必要的加注设备、地面技术与着陆系统即可。

(7)减少了各级火箭的溅落,而且燃料无毒,有利于生态环保。

MAKS 系统由亚声速的载机和驮载在它上面的、带有外部燃料箱的轨道级组成。根据原来的设想,作为 MAKS 第 1 级载机的将是安-225 梦幻飞机。轨道级(即第 2 级)由安-225 梦幻飞机发射后,将借助自身的发动机进入轨道,完成任务后独自返回地球。轨道级为空天飞机及助推火箭发动机。为了在空中发射 MAKS 需要使用火箭,以将其发射到太空轨道上。俄罗斯同时还在研制更重型的 MAKS 型系统,其运载能力可达 18t。该系统第 2 级有 3 种变体,即 MAKS-OS、MAKS-T 和 MAKS-M(分别代表载人型、一次性使用型和无人货运型)。

MAKS-OS 由可重复使用的轨道飞机和外部燃料箱组成。其火箭发动机装置包括 2 台 RD-701 型发动机,可使用液氢和煤油两种燃料,氧化剂为液氧。MAKS-OS 的载人基本型带有可乘坐 2 名乘员的座舱。同时还将研制 MAKS-OS 轨道器的 TTO-1 和 TTO-2,分别用于救援和小规模的运输技术保障。

为向轨道上运送大型有效载荷,提出了改进型 MAKS-T,它具有一次性使用的无人第 2 级,与 MAKS-OS 使用相同的外部燃料箱,但代替轨道飞机的是安装有火箭发动机的货运载体,并将有效载荷配置在整流罩之下。

MAKS-M 第 2 级实际上是多次使用的无人轨道飞机,它的研制需要解决一系列的复杂技术难题,将在制造出头两种改进型后出现,是 MAKS 构想的发展。

在未来 25~30 年内,MAKS 系统具有广泛的发展前景。在 1994 年 11 月的布鲁塞尔国际发明博览会上,MAKS 计划获得金奖和比利时总统特别奖,其比例模型也曾在 1997 年的法国航展和俄罗斯茹科夫斯基航空航天博览会上展出。太空已成为卫星发射与服务市场的争夺场所,这一市场的容量以数十亿美元计算,并以每年 10% 以上的速度递增。在这种条件下,只有提出最低发射价格的一方才能获胜。如果 MAKS 系统得以建立,俄罗斯的卫星发射工具将完全有能力与美国未来的空间飞机相竞争,极有希望占领世界航天发射市场的 60%的份额。

MAKS 的性能参数为:发射质量为 620t,第 2 级重 275t,有效载荷质量为 9t。轨道飞机部分的主要参数为:乘员数为 2 人(或为无人),飞机长 19.3m,机高 8.6m,翼展 13.3m,质量 27t。该项目研制预算大约为 18 亿美元。

目前,俄罗斯正在研制将飞机与太空飞船集于一身的空天飞机。它可与加加林首次太空飞行、月球漫步相比拟,甚至从某种意义上讲,将比这些事件更为重要。制造这种飞行器也是美国航天规划的优先发展方向。

俄罗斯科学院实用力学研究所正在设计俄罗斯空天飞机方案,它是一种多次使用的通用型运输空天飞行器。负责实施这一方案的科学领导人是俄罗斯著名的设计师奥布拉兹佐夫院士。早在 20 世纪 70 年代,苏联便开始了相应的工作。当时,奥布拉兹佐夫还是莫斯科航空学院的院长,国防工业委员会领导人要求他对世界上,主要是美国、欧洲和日本高超声速飞机的研制情况进行分析研究。为在教学过程中利用这些信息,他在莫斯科航空学院组织了一场学术研讨会,有大量的著名学者和工程师参加。随后,他在这一问题上与许多人找到了共同语言。于是,他们开始着手设计完全新型的飞行器,即空天飞机。当时,方案的主设计师为阿克谢诺夫,他是中央机器制造科研所总工程师。在他去世后,由塔拉索夫担任这一职务,他是闪电科学生产联合企业的副总设计师,是"暴风雪号"航天飞机的制造者之一。

俄罗斯空天飞机拥有较大的运载能力,这主要是借助强大的火箭发动机和翼身布局,它可在起飞和着陆时拥有强大的地效效应,减小对机身的最大负载,更加均匀地分配气动和质量负载,从而改善热物理性能。同时,它采用网状布局结构,所以在质量上占据较大的优势。空天飞机的所有内部系统都由横梁组成,有效载荷配置于翼身内部。蒙皮的第 1 层是耐热板,之后是陶瓷、纤维层、阻隔热量的多孔复合材料、钛金属层以及有液氢冷却的内层。它的机身将为统一的网状自适应系统,根据外部载荷进行自动调整,包括颠簸、大气降水、引力和太阳辐射等。俄罗斯现在正在制造一种复合材料,它可适应任何外部介质的影响,同时拥有形状记忆功能,以便预先设定所有的条件。

空天飞机首先用于在轨工作。它起飞并爬升到 80km 的高度之后,发射出配置在机身内的第 2 级,即跨轨道载货飞船。载货飞船可进入到任何轨道,从 200~3600km。它留下卫星之类的有效载荷,然后将需要返回地球的设备收回。第 1 级在发射载货飞船后可立即返回地面,也可留在 100~200km 的轨道上,并关闭发动机,像卫星那样进行飞行,而且只需要不大的脉冲保持轨道高度。在完成自己的任务后,载货飞船下降到更低的对接轨道,与第 1 级进行对接,之后一起返回地球。空天飞机的所有组件都是多次使用的。它可从 1 级机场起飞,而对于着陆的要求则相对较低,可在 2 级机场着陆。

根据计算,空天飞机的第 1 级可运载 120t,即第 2 级的发射质量。第 2 级可运载 50t 到 200km 的高度。俄罗斯也计划研制更加紧凑的单级方式,用于发射不大的有效载荷。对于双级结构,向 200km 轨道运送 1kg 有效载荷的价格仅为 100 美元,而单级结构为 300 美元。相比之下,利用现有的一次性使用运载火箭,在同等条件下则需 7000~10000 美元,而航天飞机则达到 2 万~2.5 万美元。空天飞机方案规定,可以在第 1 级中运载 600 人,为双层结构。飞机上升到 100km 的高度,绕地球飞行一周,之后完成着陆。空天飞机是否可替代现有的大型客机,取决于它将飞往何处,距离越远,利用空天飞机更经济有效。

在速度达 2000~30000km/h 的情况下,乘坐空天飞机从莫斯科到纽约只需 50min,到旧金山约为 1h,而到澳大利亚只需 1h 多一点点时间。同时空天飞机系统进行了专门设计以减轻过载,乘坐时其过载不超过 2~3g。相比之下,"联盟"号飞船发射时过载为 4g,而返回下降时为 6g。在初期阶段,空天飞机的客运方案将主要用于旅游和消遣目的。设计者认为,将会有许多人准备支付这笔钱来进入太空。此外,随着空天飞机的大规模使用,其费用也将会降低。

闪电科学生产联合企业现在正实施 MAKS 计划,其设想与空天飞机计划相似:第 1 级为安-225 梦幻飞机,从其上起飞轨道飞机。但是,未来仍属于空天飞机,因为安-225 梦幻飞机的升限只有 10~12km,而新型空天飞机可上升到 100~200km,从而成为地球卫星,其具有的能力是无法比拟的。实际上,空天飞机是一种通用型轨道发射平台,用于向更高轨道和太阳系发射其他航天器,包括载人飞船。

现在,俄罗斯的空天飞机仍处于早期研制阶段。实现成批生产还需要 10~15 年时间和约 60 亿美元。目前已经制造出无线电遥控的飞行模型,并进行了试验,证明气动计算的正确性。用于飞行模型第 1 级的是新型发动机 RD-701,由卡托尔院士设计。该发动机可使用煤油、液氢和液氧 3 种燃料。在较低的高度时使用煤油,因为在这一高度,煤油的使用更加有效。而在更高处要使用液氢,这样可达到优化的性能。俄罗斯还有已准备完毕的控制系统、对接系统和组件。如果财政拨款到位,则完全可以加快研制进度。现在设计者知道应该干些什么,但一切都取决于国家的支持程度。

俄罗斯科学院动力、机器制造、机械和控制过程分部组建了以奥布拉兹佐夫为首的小组,将从事空天飞机问题的研究。这对于俄罗斯极为重要,因为世界上对地球与太空之间的货运需求现在只能满足 15%,俄罗斯如果不占领这一高新技术市场,则会被其他国家超过。这也意味着,俄罗斯应该制造现在市场上没有的产品。

俄罗斯在这一领域的设计者已拥有完全具体的计算方案。同时俄罗斯还拥有先进的航空航天科学和技术,它的许多设计,包括材料和发动机都处于领先地位。空天飞机的研制,对于俄罗斯是极为重要的事业,利用它可大大提高俄罗斯的安全和国防能力。

1.1.4　日本

日本也特别重视空天飞机研究,其主要研究机构为空间宇航科学研究院(The Institute of Space and Astronautical Science,ISAS),国际贸易和工业部(Ministry of International Trade and Industry,MITI)等。

从 20 世纪 80 年代开始,日本针对可重复使用的空天飞机开展了多种技术方案研究。在 1987 年,在科学技术部空间发展署(the Space Development Bureau in the Science and Technology Agency)主导下,未来空间运输系统委员会(the Future Space Transportation System Committee)详细论证了日本未来空天飞机的发展,总结了发展空天飞机所需要突破的技术难点和要达到的阶段目标,并确定了单级入轨(Single Stage To Orit,SSTO)方案作为概念设计、技术集成和系统优化的第一方案,双级入轨(Two Stage To Orit,TSTO)方案作为备选方案。

单级入轨方案(图 1-11,表 1-3)的主要目的之一是为了验证和评估吸气式发动机对 SSTO 空天飞机的适用性,确定所需要的技术,以获得空天飞机研究所需要的推进系统性能数据。

图 1-11　日本的单级入轨空天飞机飞行想象图

表 1-3　日本单级入轨空天飞机主要参数

总长度	94m	着陆质量		
翼展	29m	机体		26.4t
高度	19.2m	机翼		14.0t
机体长度	90m	发动机构架		4.4t
机体宽度	16m	热结构		6.5t
机体高度	13.7m	推进系统		43.0t
机翼后掠角	70°		LACE	11.4t
机翼展弦比	1.152		SCRAM	9.2t
机翼面积	730m²		SLH2 燃料箱	14.3t
起飞翼载	480kg/m²		LOX 燃料箱	0.4t
着陆翼载	147.2kg/m²		RCS&OME	4.6t
干重	106t		供应系统	3.0t
乘员	10 人	子系统		
飞机质量	350t		C&C 系统	0.7t
燃料			热管理系统	1.5t
SLH2	201.61t		电子通信系统	2.5t
LOX	28.3t		起落架	3.9t
RCS&OME	12.7t		作动系统	1.2t
主发动机			生命支持系统	2.8t
LACE(海平面标准大气推力 100t)	4 台			
SCRAM(进气面积)	6 模块 18m²			

　　双级入轨方案(图 1-12,表 1-4)项目的参与单位包括 ISAS、NAL、NASDA 和许多高校。该方案的飞行器外形如图 1-12 所示。第 1 级为带有三角翼的外形,两翼下分别有 4 台吸气式发动机。第 2 级与 NASDA 提出的"HOPE"轨道飞行器类似,采用 2 台液体火箭发动机推进。2 级飞行器采用层叠方式组合,均为无人驾驶飞行器。

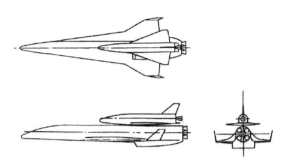

图 1-12 日本的双级入轨空天飞行器概念图

表 1-4 日本双级入轨空天飞机主要参数

推进级（第 1 级）		轨道级（第 2 级）	
总长度	77.8m	总长度	38.7m
翼展	27.8m	翼展	16.7m
高度	9.7m	高度	10.0m
机体长度	75.8m	机体长度	35.7m
机体宽度	6.4m	机体宽度	4.4m
机体高度	7.4m	机体高度	5.0m
机翼后掠角	60°	机翼前缘后掠角	70°
机翼展弦比	1.416	机翼展弦比	1.18
机翼面积	470m²	机翼面积	222.4m²
起飞翼载	957.4kg/m²	着陆翼载	155.2kg/m²
着陆翼载	186.2kg/m²	干重	33.7t
干重	87.5t		
乘员	10 人	乘员	10 人
飞机质量	450t	飞机质量	132.6t
燃料		燃料	
SLH2	122.6t	SLH2	13.4t
LOX	85.4t	LOX	80.6t
喷气发动机燃料	18.2t	RCS&OME	4.1t
主发动机		主发动机	
LACE（海平面标准大气推力 100t）	5 台	火箭（海平面标准大气推力 100t）	1 台
喷气发动机（海平面标准大气推力 12t）	2 台	着陆质量	
着陆质量			
机体	22.8t	机体	6.0t
机翼	15.8t	机翼	4.8t
发动机构架	1.3t	发动机构架	0.3t
热结构	0.3t	热结构	4.6t
推进系统		推进系统	
LACE	16.7t	火箭	1.8t
喷气发动机燃料箱	0.9t	SLH2 燃料箱	1.38t
SLH2 燃料箱	13.8t	LOX 燃料箱	1.36t
LOX 燃料箱	2.3t	RCS&OME 系统	1.75t
供应系统	3.6t	供应系统	0.45t
子系统	6.5t	子系统	11t

一直以来,日本的空天飞机的研究重点在如何扩大燃气涡轮发动机飞行包线上,提出的 ATREX 发动机和盘式进气道非常有新意,并开展了大量的理论与试验研究。

ISAS 还对一种带翼的空天飞机方案进行了研究,其重点是为了验证日本发展的 ATREX 发动机,在最后阶段,联合 NAL 和 NASDA 提出了"HOPE-X 计划"。该空天飞机(图 1-13)的发展目标是:降低发射费用至 1/10;灵活可靠的发射,一周内可返回;安全性和可靠性大幅提高。该计划先后开展了大量的试验(包括缩比超燃冲压发动机试验,ATREX 发动机冷却试验、风洞试验和流体计算等)。

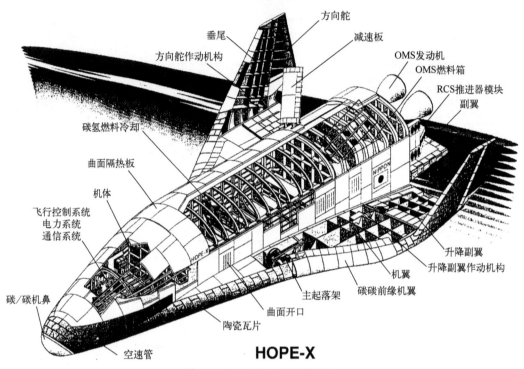

图 1-13　HOPE-X 飞行器概念

1.1.5　德国

德国于 1986 年 6 月举行的欧洲航天局会议上正式提出了"桑格尔"航天飞机方案。这是向欧洲航天局提出的第三个航天飞机方案。

"桑格尔"航天飞机(图 1-14)方案是一种比英国的"霍托尔"航天飞机更有把握的空间运输系统方案。这个系统是利用一架可以在普通国际机场起落的大型喷气式高超声速飞机驮带一架较小的有翼轨道器,上升到 30km 的高度并达到马赫数 6 的速度后,轨道器与载机分离,载机在分离后就立即返回机场降落,轨道器的低温火箭发动机则立即开机,使轨道器进入预定轨道。任务完成后,轨道器则像美国航天飞机那样滑翔返回地面着陆,如图 1-15 所示。轨道器能运载两名机组人员、10 名旅客或 4t 货物入轨。整个系统总重 400t。

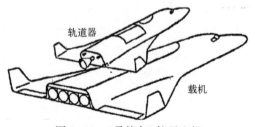

图 1-14　"桑格尔"航天飞机

16

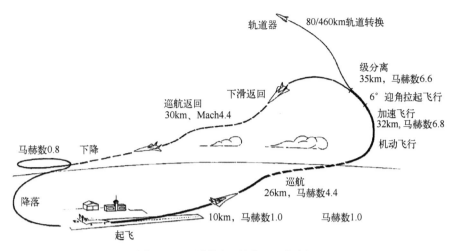

图 1-15　"桑格尔"的典型飞行剖面

"桑格尔"系统的载机稍加改动即可作为载客 200 人，飞行距离 2875km 的旅客机。从而能与美国的"东方快车"型航天飞机进行竞争。而英国"霍托尔"航天飞机的旅客机型只能运送 60 多名乘客。"桑格尔"的载机作为旅客机的另一原因是为了降低研制成本。

"桑格尔"系统的轨道器将利用一个与美国航天飞机主发动机类似的可重复使用的低温氢氧火箭发动机。第 1 级飞机上的发动机将是从现有的冲压喷气发动机技术发展而来的。能达到马赫数 6 的冲压喷气发动机在美国和苏联都已研制成功，初步试验表明这种研制方案是可行的。在航空电子设备、制导系统、姿态控制设备等方面，只需要对现有系统略加改进即可。第 1 级飞机发动机的采用类型与载机和轨道器分离时的速度有关。

第 1 级飞机究竟要加速到马赫数 6 还是马赫数 10 这个问题还有待决定。亚声速燃烧冲压喷气发动机能够达到马赫数 6，但要加速到马赫数 10，就必须采用一种更复杂的超声速燃烧冲压喷气发动机。用第 1 级发动机加速到更高的速度可以减小第 2 级所需的功率，从而携带较少的燃料。预计还要权衡一下利弊，以便确定为第 1 级增加研制成本是否合算。

美国在超声速燃烧冲压喷气发动机方面已获得重大突破，德国在超声速燃烧实验研究方面也有一定的基础。总之，"桑格尔"第 1 级的涡轮冲压喷气发动机，不管是亚声速燃烧的还是超声速燃烧的，对本方案而言都是关键技术。但由于避开了研制"霍托尔"的组合循环火箭发动机，因而使研制难度大大降低。当然，"桑格尔"的先进性也随之下降了。

1.2　空天飞行器的分类

可以参照飞机的分类方式，将空天飞行器进行分类，如图 1-16 所示。

（1）按照用途划分，可以分为军用和民用两类。军事用途是目前空天飞机发展的源动力，因为空天飞机具有飞机速度快、航程远、飞行高度高的特点，在军事上可以增加快速反应能力、远距打击能力和战场生存能力，具有非常诱人的应用前景。按照空天飞机的军事用途，大致又可以划分为侦察、轰炸、运载、作战等各种类型。民用领域主要用于洲际远

17

距离飞机,能够大大缩短飞行时间,如果飞机以马赫数 6 飞行,从东京到纽约的飞行时间可能只需要 1.5h。

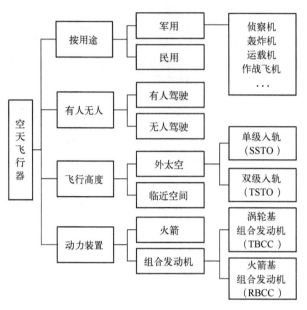

图 1-16 空天飞行器的分类

(2) 按照有人无人可以分为无人驾驶和有人驾驶两类。无人驾驶飞行器主要是执行远程、任务相对简单的飞行任务(如类似远程导弹,也可以看作是小型飞机)。有人驾驶飞行器主要执行任务相对复杂的飞行任务(如空间作战)。

(3) 按照飞行高度可划分为外太空空天飞行器和临近空间空天飞行器两类。监控空间空天飞行器的飞行局限于大气层之内,是未来空天作战、夺取“制天权”最主要的作战装备。而外太空空天飞行器的主要使命是以相对廉价的方式快速进入外太空,为人类开发外太空资源、进行深空探索,也是未来外太空天作战、夺取“制太空权”最主要的作战装备。按照入轨方式,可以将外太空空天飞行器分为单级入轨(Single Stage To Orbit,SSTO)和双级入轨(Two Stage To Orbit,TSTO)两类。单级入轨是指飞行器从地面起飞,直接进入地球轨道,这种入轨方式一般是涡轮喷气发动机将飞机加速到一定的飞行马赫数和高度,然后由火箭直接将飞机送入轨道,技术难度相对较低,但有效载荷较小。英国的“云霄塔”就是最典型的单级入轨方案。而双级入轨是指载机带着轨道器一同起飞,在特定的飞行高度和马赫数,二者分离,载机返回机场,轨道器进入外太空。这种方案轨道器只以火箭作为动力,由于载机与轨道器分离时的高度和马赫数较大,节省了轨道器的火箭燃料,从而增大了轨道器的有效载荷。

(4) 按照动力装置,可以将空天飞行器分为火箭和组合发动机两类。火箭发动机技术相对成熟,但由于自身要携带燃料和氧化剂,因此飞行器的有效载荷小。而组合发动机能够充分发挥各自发动机的性能优势,有效载荷高,但技术难度较大。按照组合发动机的类型,组合发动机可以分为火箭基组合(Rocket Based Combined Cycle,RBCC)和涡轮基组合(Turbine Based Combined Cycle,TBCC)两类。火箭基组合发动机是火箭发动机与超燃冲压发动机组合,而涡轮基组合发动机是涡轮发动机与超燃冲压发动机组合。由于超燃

18

冲压发动机的技术难度较大,因此目前这两种组合发动机还都在研究之中。

1.3　空天飞行器的技术难点

（1）全新的动力装置。空天飞行器的飞行范围从大气层内到大气层外,速度从马赫数 0 到马赫数 25,虽然火箭发动机可以胜任如此大跨度的工作环境变化和速度范围,但是由于火箭发动机工作需要自带氧化剂,而携带的氧化剂占整个飞机的起飞总重的比例较高,导致飞行器起飞总重和发射成本大幅度上升。空天飞行器最理想的动力装置是吸气式发动机(包括冲压发动机、涡轮喷气发动机)。吸气式发动机利用大气层中的氧气作为氧化剂,因此不需要自身携带氧化剂,而且可以采用水平起降方式,大大降低了飞机的起飞总重和发射成本。但吸气式发动机只能在大气层内飞行,当需要飞向外太空时,还需要与火箭发动机进行组合。而目前还没有现成的、可供应用于空天飞行器的动力装置,需要进行全新研制。

（2）空气动力分析。航天飞机返回大气层的空气动力学问题,曾耗费了科学家们多年的心血,做了 10 万多小时的风洞试验。空天飞行器的空气动力学问题要比航天飞机复杂得多。因为空天飞行器的速度变化大,马赫数从 0 到 25;飞行高度变化大,从地面到数百千米的外层空间;返回大气需要的时间长,航天飞机只需要约 10min,而空天飞行器则需要 1~2h。解决空气动力学问题的基本手段是风洞,而目前世界上还没有这样的风洞。即使有了风洞,也还需要做上百万小时的试验,试验可能需要 100 多年时间,成本也是人类所负担不起的。所以空气动力学问题只能采用计算的方法,而目前高速空气动力学的模拟还处于摸索阶段,如果进行发动机内流场的计算(尤其是燃烧计算),其模型更加复杂,耗费的成本也更高。

（3）一体化设计。当空天飞行器以马赫数 6 以上的速度飞行在大气层内飞行时,空气阻力将急剧上升,减阻设计成为比增大发动机推力更重要的研究课题。减阻最重要的技术途径是将发动机和飞机进行融合设计,形成高度流线形的整体,这就是飞机与发动机的一体化设计。空天飞行器一般采用机体前缘作为发动机进气道外压缩面,采用机体后缘作为尾喷管的外膨胀面,形成了飞行器的"楔"形构型。更为复杂的是进气道和尾喷管的几何形状要随飞行器飞行的高度和速度变化而变化,以便调节发动机进气量,使发动机在低速时能维持较低的耗油水平,而在高速时能够维持较高的推力水平。同时进气道和尾喷管还要有足够的刚度和耐高温性能,以便使空天飞行器在机动飞行和返回大气层的过程中,能够经受住高速气流和气动加热的作用,使飞行器不发生影响气动性能和飞行安全的变形。

（4）热防护与热管理。空天飞行器高速飞行时,存在严重的气动加热效应。假设飞行器飞行高度为 11km,以马赫数 4.0 飞行时,来流滞止温度为 882K;飞行速度为马赫数 6.0 时,来流滞止温度为 1621K;当飞行速度为马赫数 10.0 时,来流滞止温度可达 3796K。空天飞行器承力构件一般采用金属材料和复合材料制造,其强度随温度的升高而减小。因此空天飞行器必须拥有一个重量轻、性能好、能重复使用的热防护系统,同时在飞行器的某些关键部位(如机身前缘、发动机进口等)采用高效的冷却装置,以避免高温对空天飞行器造成不可接受的损害。

德国宇航研究院正在研制用于洲际飞行的 50 座两级亚轨道"太空客机",这种空天飞行器概念机可在 100km 高度以 24100km/h 速度飞行。当飞行器再入大气层时,即使采用滑跃式再入以降低热载荷,机翼前缘的温度也会达到 2630℃,研究人员正在考虑采用水冷新技术解决防热的问题。在试验中,0.2g/s 流量的水被注入直径 25mm 的多孔结构的氧化铝/硅质缩比飞行器头锥模型,可将其温度从 1727℃ 降低到 227℃。据估计,"太空客机"飞行一次需要携带 9t 用于制冷的水。

1.4 空天飞行器发展的启示

(1) 世界上的大国和强国无一不把空天飞行器发展作为国家发展战略的重要组成部分。这是因为从经济角度看:空天飞行器集航空与航天技术于一身,是高技术产业中的高技术,是可以带动众多尖端技术和产业部门发展的带头技术。从战略角度来看:空天飞行器关系到一个国家下一个世纪的技术、经济、国防和国际地位。

(2) 空天飞行器是航空航天技术发展的必然。人类首先发明了飞机,实现了在大气层内的飞行。50 多年以后人类又用火箭发射了地球卫星,用飞船进入环地球轨道飞行。从此,航空、航天沿着两条轨道并行前进。航空航天技术的飞速发展出现了新的可能,即发展空天飞行器以实现航空航天技术的巧妙结合。

(3) 空天飞行器是技术上十分复杂的系统,需要多年的研究、积累、试验才能进入型号研制。美国从 20 世纪 50 年代就开始探索,美国先后发展了 NASP 空天飞行器计划,仍需若干年以才能研制实用的空天飞行器。对航空航天技术落后一些的国家更需及早动手,才有可能不被抛到更远的后边。

(4) 空天飞行器技术上非常复杂,耗资又十分巨大,但要想发展航空航天事业是绕不过这一难关的,就像不可能停留在活塞式发动机阶段而不进入喷气时代一样;也不可能只停留在超声速时代而不进入高超声领域。这股潮流是不能阻挡的。主动开展长期的发展研究比被动的突击要好。世界上大国在原子弹、洲际导弹、卫星、载人飞船、反导反卫的竞争之后就是空天飞行器了。可以预计,空天飞行器将是 21 世纪中后期竞争的主要项目。

第 2 章　动力装置性能指标

动力装置最主要目的是产生推动飞行器前进的动力,从能量守恒的观点来看,它又是将其他能源(燃料化学能、太阳能等)转化为飞行器动能的热力机械,所以可以从产生推力大小和能量转化效率两个方面来评定动力装置性能的优劣。

2.1　推　力　指　标

2.1.1　推力

推力是动力装置最主要的性能参数,它决定了推力装置改变飞行器飞行状态的能力。在相同的条件下,动力装置推力越大,意味着飞行器的加速度越大,飞行状态的改变能力越强,或者飞行器的运载能力越强。

推力符号用 F 表示,其国际单位制单位是牛(牛顿,N)。由于牛单位比较小,使推力的数值往往很大,因此也使用千克力(公斤力,kgf)单位,或者 10 牛顿(daN),有时也用吨力(tonf)单位。其换算关系为

$$1\text{kgf} = 9.80665\text{N} \tag{2-1}$$

$$1\text{daN} = 10\text{N} \tag{2-2}$$

$$1\text{tonf} = 1000\text{kgf} \tag{2-3}$$

涡轮喷气发动机的推力一般表达式为

$$F = W_g c_9 - W_a v_0 + (p_9 - p_0)A_9 \tag{2-4}$$

式中:W_g 为发动机出口燃气质量流量;W_a 为发动机进口空气质量流量;c_9 为发动机出口气流速度;v_0 为发动机进口气流速度;p_9 为发动机出口燃气静压;p_0 为外界环境大气压力;A_9 为尾喷管出口面积。

如果尾喷管为完全膨胀状态,出口静压与外界环境大气压力相等,则

$$F = W_g c_9 - W_a v_0 \tag{2-5}$$

此时发动机推力的大小只与进出口气流的却是变化有关。

如果在台架状态,则发动机进口气流速度为 0,即 $v_0 = 0$,则

$$F = W_g c_9 \tag{2-6}$$

火箭发动机推力计算公式与涡轮喷气发动机的推力计算公式是相同的,只是因为火箭发动机不吸入大气中的空气,进口空气质量流量为 0,即 $W_a = 0$,所以

$$F = W_g c_9 + (p_9 - p_0)A_9 \tag{2-7}$$

如果火箭工作在外太空环境,则环境压力为 0,即 $p_0 = 0$,则

$$F = W_g c_9 + p_9 A_9 \tag{2-8}$$

如果尾喷管为完全膨胀状态,则出口静压与外界环境大气压力相等,则火箭发动机推力称为特征推力,记为 F^0。

$$F^0 = W_g c_9 \tag{2-9}$$

受到喷管尺寸的限制,火箭发动机尾喷管一般不可能是完全膨胀的,特征推力表示了火箭发动机能够产生的最大推力,所以特征推力也称最佳推力,它仅仅是理论性的。

2.1.2 单位推力

涡轮喷气发动机产生推力与流过发动机空气质量流量的比值称为单位推力。用符号 F_s 表示。

$$F_s = \frac{F}{W_a} \tag{2-10}$$

单位推力表示了发动机单位质量空气产生推力的大小。因为空气流量越大,发动机横截面和质量也会相应增大,所以单位推力越大,飞行器总推力越大、有效载荷越高、飞行阻力越小,越有利于飞行器机动飞行。

目前,涡轮喷气发动机在地面标准大气条件工作时的单位推力为 50~75daN·s/kg(最大工作状态),或 90~140daN·s/kg(加力工作状态)。

2.1.3 推重比与推质比

涡轮喷气发动机在海平面标准大气产生的推力与其质量的比值,称为推重比。火箭发动机在海平面标准大气产生的推力与其结构质量的比值,称为推质比。从定义可以看出,这两者的概念是非常相近的。

推重比(推质比)值越大,则动力装置单位质量产生推力的能力越强,飞行器的加速度越大。它综合反映了动力装置的设计水平、制造水平和材料水平,是评定动力装置性能最重要的综合性推力指标。

目前第四代涡轮喷气(涡轮风扇)发动机推重比已经达到 10,未来下一代发动机推重比可达 12~15。表 2-1 给出了典型三代、四代机发动机的性能参数。

表 2-1 典型三代、四代机发动机的性能参数

		F100-229	F110-GE129	RB-199	AЛ-31Ф
第三代	加力推力/kN	129.40	129.00	75.27	122.58
	加力耗油率/(kg/(N·h))	0.2	0.194	0.2250	0.1999
	不加力推力/kN	79.20	76.52	42.95	77.17
	不加力耗油率/(kg/(N·h))	0.066	0.065	0.065	0.0785
	推重比	7.72	7.28	7.38	7.12
	涡轮前温度/K	1722	1728	1590	1665
	涵道比	0.36	0.76	1.10	0.60
	装备飞机	F-16C/D F-15E	F-16C/D F-15E	"狂风"	苏-27

		F119	F135	M88-2	АЛ-41Ф
第四代	加力推力/kN	155.7	191.35	84.8	175.00
	加力耗油率/(kg/(N·h))	0.230	—	0.184	
	不加力推力/kN	111.19	124.6	54.4	
	不加力耗油率/(kg/(N·h))	0.062	—	0.081	
	推重比	10.0	—	9.6	>10
	涡轮前温度/K	1950	1922	1843	1910
	涵道比	0.2	0.51~0.57	0.5	—
	装备飞机	F-22	F-35	"阵风"	1.42

火箭发动机推质比与其推进剂密切相关,表2-2表示了国外采用几种常温推进剂、液氧煤油、液氢液氧推进剂发动机推质比统计结果。

表2-2 国外采用几种常温推进剂、液氧煤油、液氢液氧推进剂发动机推质比统计结果

型 号	应 用	推进剂	推力/kN	质量/kg	推质比/(kN/kg)	备 注
Viking5	"阿里安"1 一级	四氧化二氮/UH25 混肼	613	700	0.876	
Viking4	"阿里安"1~4 二级	四氧化二氮/UH25 混肼	723	750	0.964	
RD-253	"质子"号 一级	四氧化二氮/偏二甲肼	1474	1280	1.15	
RD-0124	"联盟"号二级	液氧煤油	294	450	0.62	补燃
RD-0110	"联盟"号二级	液氧煤油	294	408	0.72	燃气发生器
NK-39	N-1 三级	液氧煤油	410	721	0.568	补燃
RD-120	"天顶"号二级	液氧煤油	833	1200	0.695	补燃
NK-43	N-1 二级	液氧煤油	1790	1430	1.25	补燃
F-1	"土星"5 一级	液氧煤油	6770	852	0.8	燃气发生器
RS-27	"德尔塔"2000 系列一级	液氧煤油	920	1030	0.894	燃气发生器
RD-107	"东方"号运载火箭助推级	液氧煤油	821	1155	0.711	燃气发生器
RD-108	"东方"号运载火箭一级	液氧煤油	745	1250	0.596	燃气发生器
NK-33	N-1 火箭一级	液氧煤油	1512	1240.3	1.22	补燃
LE-5	H-l 二级	液氢液氧	102	255	0.4	发生器
HM-7B	"阿里安"三级	液氢液氧	62	155	0.4	发生器
Vinci	"阿里安"5 上面级	液氢液氧	180	510	0.35	膨胀
LE-5B	H-II 二级	液氢液氧	137	285	0.48	膨胀
LE-7	H-II 一级	液氢液氧	912	1560	0.58	补燃
SSME	航天飞机主发动机	液氢液氧	1670	3175	0.658	补燃
RD-0120	能源号一级	液氢液氧	1451	3450	0.42	补燃

2.1.4　总冲

由冲量的物理意义可知,火箭发动机的推力与推力作用时间的乘积称为发动机的推力冲量(或称总冲)。考虑到推力是随时间变化的,一般将推力对发动机工作时间的积分定义为发动机的总冲。总冲是表示火箭发动机工作能力的指标,用符号 I 表示,单位为 N·s,或 kg·m/s。

$$I = \int_0^t F \mathrm{d}t \tag{2-11}$$

将式(2-9)代入式(2-11),并假设发动机工作高度变化不大,可视 c_9 为常数,则

$$I = \int_0^t F \mathrm{d}t = \int_0^t W_g c_9 \mathrm{d}t = c_9 \int_0^t W_g \mathrm{d}t = c_9 W_p \tag{2-12}$$

式中:W_p 为推进剂总质量。

2.2　经济性指标

2.2.1　耗油量与耗油率

耗油量与耗油率通常用来评定涡轮喷气发动机经济性。单位时间内供给发动机主燃烧室和加力燃烧室的燃油质量称为主燃烧室和加力燃烧室的耗油量。分别用符号 W_f、$W_{f,af}$(kg/s,单位时间为秒)或 W_{fh}、$W_{fh,af}$(kg/h,单位时间为小时)来表示。

推力相同的发动机,可用耗油量来比较它们的经济性。推力不同的发动机,不能仅以耗油量的多少来评定其经济性,而是应用耗油率来评定。

发动机每产生 10 牛顿(daN)推力而在单位时间(一般以小时计)内所消耗的燃油质量(即耗油量)称为耗油率。对于不加力和加力发动机,分别用符号 sfc 和 sfc$_{af}$ 来表示,即

$$\mathrm{sfc} = \frac{W_{fh}}{F} = \frac{3600 W_f}{F} \quad [\mathrm{kg}/(\mathrm{daN} \cdot \mathrm{h})] \tag{2-13}$$

$$\mathrm{sfc}_{af} = \frac{3600(W_f + W_{faf})}{F} \quad [\mathrm{kg}/(\mathrm{daN} \cdot \mathrm{h})] \tag{2-14}$$

飞行速度一定时,耗油率越小,发动机的经济性越好。

2.2.2　比冲

比冲是评定火箭发动机的经济性指标。定义为发动机稳定工作状态下单位质量推进剂所产生的冲量,以符号 I_{SP} 表示,单位为 N·s/kg 或 m/s。

$$I_{SP} = \frac{I}{m_p} = \frac{\int_0^t F \mathrm{d}t}{\int_0^t W_g \mathrm{d}t} \tag{2-15}$$

通常也以单位重量推进剂所产生的冲量来计算比冲:

$$I_{SP} = \frac{I}{g_0 m_p} = \frac{\int_0^t F \mathrm{d}t}{g_0 \int_0^t W_g \mathrm{d}t} \tag{2-16}$$

式中:g_0 为标准地面重力加速度。此时比冲的单位为 kg·s/kg 或 s。可见此时的比冲是式(2-15)计算结果的 $1/g_0$ 倍。

比冲是火箭发动机的重要性能参数,它直接影响着火箭的运载能力或火箭的射程,也影响着火箭发动机的结构尺寸或结构质量。当总冲一定,比冲越高,则所需的推进剂的质量可减少,其相应的结构尺寸和结构质量就小;如果推进剂质量确定,比冲越高,则可提高火箭的射程或增加火箭的运载能力。表 2-3 表示了国外采用液氧煤油、液氢液氧推进剂发动机比冲的统计结果。

表 2-3 国外采用液氧煤油、液氢液氧推进剂发动机比冲的统计结果

	型 号	推进剂	循环方式	室压/MPa	面积比	真空推力/kN	真空比冲/(m/s)
液氧煤油发动机(2级或上面级)	RD-120	液氧煤油	补燃	16.3	106	833	3430
	RD-8	液氧煤油	补燃	7.65	104	78.4	3351.6
	NK-43	液氧煤油	补燃	14.8	79	1790	3398.64
	NK-39	液氧煤油	补燃	9.8	114	402	3449.6
	NK-31	液氧煤油	补燃	9.4	124	402	3459.4
	RD-0124	液氧煤油	补燃	15.53	—	294	3528
液氢液氧发动机(1级)	SSME	液氢液氧	补燃	—	77.5	1667	3547.6
	RD-0120	液氢液氧	补燃	20.6	85.7	1451	3469.2
	LE-7	液氢液氧	补燃	14.7	60	912	3410.4
	火神2	液氢液氧	发生器	11.8	60	1068	3351.6
液氢液氧发动机(2级或上面级)	LE-5	液氢液氧	发生器	3.63	140	102	4410
	HM-7B	液氢液氧	发生器	3.52	83	62	4361
	YF-73	液氢液氧	发生器	2.63	40	44.4	4096.4
	YF-75	液氢液氧	发生器	3.85	80	157	4312
	Vinci	液氢液氧	膨胀	13	240	180	4557
	LE-5B	液氢液氧	膨胀	3.63	110	137	4390.4

第3章 涡轮喷气发动机

3.1 发 展 概 况

3.1.1 出现背景

早期的螺旋桨飞机的动力由活塞式发动机和螺旋桨两部分组成,前者产生驱动功率,后者则产生拉力或推力,由此牵引或推动飞机前进。活塞式发动机的功率取决于主轴转速、曲轴半径和曲轴上的切向力。转速和曲轴半径代表曲轴运动的切向速度,它由强度限制着,而切向力由汽缸中活塞头部的直径和作用在活塞头部的压强决定。汽油机的燃烧前压强一般不超过 0.8MPa(8 个工程大气压),活塞头部面积的增加,带来的是发动机质量和尺寸的加大。另外的办法是增加发动机的汽缸数,但汽缸数的增加会使发动机的质量和尺寸大幅度增加。例如,美国莱康明公司曾在 20 世纪 40 年代制造出一台具有 36 个汽缸,总功率达 3000kW 的活塞式发动机,其质量高达 2.7t,体积也大到难以装机。因此,活塞式发动机增加功率这条路已接近尽头。

螺旋桨的拉力或推力取决于其桨距和转速。桨距取决于桨叶的迎角,当桨距增加时,拉力或推力与阻力同时增加,但两者增速不一样,有个最佳桨距,超过此值即无意义。至于转速也有限定,一般为 1000r/min。随着飞行速度的增加,桨叶的叶尖与空气的相对速度首先达到声速,从而产生激波,导致推进效率下降。活塞式发动机与螺旋桨组合的动力装置的潜力已经挖尽,要想获得更快的速度、更高的高度必须另寻他途。发展尺寸、质量更小,功率更大的推进装置,于是,全新的涡轮喷气发动机就应运而生了。

20 世纪 40 年代的第二次世界大战中,空战异常残酷,经常一天中有几百甚至上千架飞机在空中鏖战。1944 年夏季的一天,盟军的 B-29"超级堡垒"重型轰炸机在执行编队轰炸任务时,突然遇到了带着雷鸣般呼啸声、疾速冲入机群的不速之客,这不禁让盟军飞行员吓出一身冷汗。原来他们遇到的是不仅飞行高度远高于盟军轰炸机,而且时速比当时最快的战斗机还快一二百千米的、不使用传统螺旋桨推进器的新式飞机,这就是纳粹德国的 Me-163 喷气式飞机。不过这是一架装了液体火箭发动机的战斗机,续航时间很短,实战价值不大,且批量很小,属于试验性质的飞机。可是此后不久,德国制造的装有 2 台涡轮喷气发动机的 Me-262 战斗机开始参战。这是世界上第一架具有实战价值并投入批量生产的喷气式战斗机。它的最高速度达 870km/h。在 1944 年 9 月的一次记录可查的空战中,6 架 Me-262 仅用 6min 即击落盟军 15 架 B-17 轰炸机。又如 1945 年 3 月 18 日,这一天 Me-262 又打下了盟军 21 架轰炸机和 5 架 P-51 战斗机。1944 年 9 月—1945 年 5 月,8 个月的时间里 Me-262 共击落盟军各种飞机 613 架,自己仅损失 200 架(包括非战斗损失),给盟军以很大威胁。不过此时第二次世界大战已接近尾声,Me-262 的参战对德国法西斯只不过是回光返照,挽救不了最终灭亡的命运。与此同时,盟军主要参战国英国也研制出"流星"喷气式战斗机。但是这种飞机仅仅用于保卫本国领土,最远只飞到英吉利海峡上空,用于拦击德国的飞航式导弹和轰炸机。因此,尽管第二次世界大战期间敌对双方都有了喷气式战斗机,却没有出现过面对面的空中格斗。可是涡轮喷气发动机一出世就有不同凡响的表现,它推动飞机跨过声速、克服热障,使航空跨入喷气时代。

3.1.2 第二次世界大战后的发展

第二次世界大战结束前后,德国、英国、美国和苏联都先后开始研制涡轮喷气发动机。

1939 年 8 月 27 日由德国著名试飞员瓦西茨(E.Warsitz)驾驶着装有由奥海因研制的 HeS3 涡轮喷气发动机的亨克尔 He.178 进行了首次飞行,He.178 成为世界上第一架成功的涡轮喷气式飞机。英国惠特尔经过长期努力,1937 年 4 月研制成功 WU 涡轮喷气发动机,并于 1939 年研制出英国的第一台可以连续运转的 WI 型涡轮喷气发动机,随后改型成为 WⅡ型涡轮喷气发动机。英国第一架喷气式飞机由格罗斯特公司的卡特(J. Carter)设计,被命名为 E28/39。1941 年 5 月 15 日,格罗斯特公司首席试飞员萨伊尔(G.Sayer)驾驶着装有惠特尔研制的 WⅡ型涡轮喷气发动机的英国第一架喷气式飞机 E28/39 腾空而起。虽然它的首飞日期比德国的 He.178 晚 1 年多,但它却是同盟国中首架上天的喷气式飞机。

第二次世界大战中,德国于 1942 年首次试飞并应用了装有 2 台"尤莫"涡轮喷气发动机的梅塞施米特 Me-262 喷气战斗机,用它对付同盟国的轰炸机机群。由于这种飞机速度大(最大速度达 960km/h),火力猛(装有 4 门机炮),曾使盟军轰炸机遭受很大的损失。惠特尔经过百折不挠的努力,不仅发明了喷气发动机,而且使其达到实用化。从这以后,美、英、苏均先后研制出各自的喷气式战斗机,如英国于 1945 年 11 月使涡轮喷气式战斗机"流星"Ⅳ的速度超过了当时飞得最快的装活塞式发动机的战斗机 P-51"野马"的速度("野马"是第二次世界大战中美国使用的最好的战斗机),"流星"Ⅳ于 1946 年创造了时速 975km/h 的世界纪录;美国的 P-80 装 1 台 J33 涡轮喷气发动机,此即后来的 F-80,是美国第一种服役的喷气式战斗机。

第二次世界大战后,英、美、苏三国纷纷研制出以涡轮喷气发动机为动力的战斗机,一般称为喷气式战斗机,其飞行速度大大超过了以活塞式发动机为动力的战斗机的速度,但其最大飞行速度仍低于声速,属亚声速战斗机,典型的飞机有美国的 F-80、F-86,英国的"流星"Ⅳ、霍克"海鹰",苏联的"米格"-15 等,现在人们常将这个时期的战斗机称为以喷气式发动机为动力的第一代战斗机,或简称第一代喷气战斗机。

真正用涡轮喷气式发动机作动力的超声速战斗机是在 20 世纪 50 年代中期出现的。当时出现了一批以带加力燃烧室的涡轮喷气式发动机为动力的超声速战斗机,例如,英国的费尔雷 F. D. 2 高速三角机翼研究机,它是第一种装用带加力燃烧室的涡轮喷气式发动机("埃汶"涡轮喷气发动机)为动力的、飞行速度超过 2100km/h 的喷气式飞机;又如,英国的霍克"猎人"超声速喷气式战斗机在 1953 年曾两次打破世界飞行速度的纪录;1953 年首飞的美国洛克希德·马丁 F-104 战斗机的最大马赫数为 2.2;1955 年首飞的苏联的"米格"-21 最大马赫数为 2.05;1956 年首飞的法国"幻影"Ⅲ 最大马赫数为 2.2;1955 年 10 月首飞的瑞典 SAAB-35"龙"最大马赫数为 2.0,1958 年首飞的 F-4"鬼怪"式最大马赫数为 2.27 等。这些在 20 世纪五六十年代发展的战斗机称为第二代喷气战斗机，飞机起飞重量与发动机推力之比（称为飞机推重比）小于 1.0，约为 0.7~0.9，即发动机的推力小于飞机的起飞重量，所用发动机的推重比约为 4.0~5.5。

3.1.3 涡喷发动机的全盛期

20 世纪 40 年代初至 70 年代初 30 年间，涡轮喷气发动机获得了极大发展。就推力来说，有小至几百十牛的（如英国的派勒斯 600、法国的玛波尔、美国的 J69 等），也有大到一万多十牛的（如苏联的 R-29F-300 的推力为 12260daN，英、法两国合作研制的奥林帕斯 593 推力高达 16900~17380daN）。研制的发动机型号繁多，仅英国就有尼恩、威派尔、奥伦达、勾布林、勾斯特、埃泣、萨菲尔、吉伦、奥菲斯等接近 10 种；美国则有 J33、J35、J42、J47、J52、J57、J65、J71、J73、J75、J79、J83、J85、J93、J402 等 20 余种；苏联也有 RD-45、VK-1、RD-9B、R-11F-300、R-13、R-25、R-29、R-31、RD-3M、AL-5、AL-7F 和 AL-21F 等 10 多种；法国则有"阿塔"系列发动机。这些涡喷发动机在航空器的各个领域获得了广泛的应用。除了模型飞机、低速游览机、运动机、农用机和某些特种侦察机还在采用活塞式发动机外，大部分的军用战斗机、轰炸机、运输机和侦察机以及民航机，甚至有的巡航导弹和靶机都选用了涡轮喷气发动机。在朝鲜战争、我国东南沿海的海空战、越南战争和中东阿以战争中，用涡喷发动机装备的第一代和第二代战斗机成为交战的主力。涡喷发动机经过近 30 年的发展，其推重比从早期的 2~3 提高到 6.5~7.0，中间状态的耗油率为 0.90~0.95kg/(daN·h)，加力耗油率则为 1.80~2.20kg/(daN·h)，已经达到了全盛和成熟期。后来，由于涡扇发动机的崛起，在军民机领域中逐渐取代涡喷发动机。但是在现役战斗机中涡喷发动机还占有一定的比例，因此它还会在现役飞机中延续使用一段时期。另外，小型的涡轮喷气发动机还将用于巡航导弹、无人机，例如，著名的美国"战斧"式对地巡航导弹有一个型别以及"鱼叉"式反舰巡航导弹都是用 J402 涡喷发动机作动力的。

3.1.4 中国的涡喷发动机

中国人第一次接触涡轮喷气发动机是在第二次世界大战结束后的第一年，即 1946 年。当时的中国政府花了 5 万英镑自英国买回了"尼恩"发动机的专利。这套图样随即交给了贵州大定航空发动机厂。这是一台离心式涡喷发动机，推力为 2250daN。但是，当时的时局却没有给予中国人掌握喷气技术的机遇。后来这套图样被带到了台湾就不了了之了。大多数中国人首次见到涡轮喷气发动机实物是在 1949 年新中国成立后，从苏联订购的首批喷气式飞机"米格"-9 和"雅克"-15 所装的 RD-20 和 RD-10 发动机。这两型发动机是苏联缴获德国的 BMW003 和尤莫-004 的仿制品。到中国后分别取名为 57 号机和 56 号机。这两型发动机由于寿命短（仅 20h）、推力小（分别为 790daN 和 890daN）、起动性能差，而且易失火、易喘振，只能供训练空地人员使用。真正有实战价值的是 1950 年底第二批购自苏联的 RD-45 发动机。这也是 1946 年苏联从英国买的"尼恩"发动机专利，经仿制后又卖给中国。RD-45 在中国的代号为 58 号机。RD-45 装备的"米格"-15 在朝鲜战争中大显威风，其生产量达 16500 架。

1956 年 5 月，中国第一台涡喷发动机——涡喷 5 仿制成功，用于歼 5 飞机的改进型。涡喷 5 仿制的是苏联 RD-45 的改进型，即 VK-1F 涡喷发动机。与 RD-45 相比，它不仅加大了流量和增压比,还带了加力,其最大推力达3312daN。

1961年10月,中国仿制成第一台用于超声速战斗机的轴流式涡喷发动机——涡喷6,用于歼6飞机。涡喷6仿制的是苏联第一台轴流式涡喷发动机RD-9B。1966年又仿制了用于两倍声速战斗机的R-11F-300涡轮喷气发动机,其加力推力达5640daN,中国的命名为涡喷7,用于歼7飞机。这些都是沈阳航空发动机厂的产品。1959年7月,成都航空发动机厂仿制成功苏联的海防导弹用涡喷发动机RD-500K。1967年1月,西安航空发动机厂仿制成功大型涡喷发动机RD-3M,其推力高达9310daN,用于轰6飞机。

在仿制的同时,中国还根据空军需要对有关产品进行了大量的改进、改型。最主要的项目有涡喷6甲、涡喷7甲、涡喷7乙、涡喷11和涡喷13AⅡ等。涡喷6甲是专门用于强5飞机的发动机,相对于原型机,它重新设计了第1级压气机,还增加了可调进口导流叶片,取消放气带,提高了涡轮前燃气温度及改进了加力燃烧室,结果推力提高了490daN。涡喷7甲和涡喷7乙最主要的改进是首次采用了铸造的空心气冷涡轮叶片,它一下把涡轮前燃气温度提高了100℃。这是我国著名的铸造专家荣科教授在立下军令状后,攻克了多项有关材料和工艺技术的难题而研制成的,这对我国航空发动机的发展具有重要意义。涡喷11发动机是由北京航空学院改制的小推力涡喷发动机,推力为830daN,用于高空无人侦察机。涡喷13AⅡ是贵州航空发动机厂改制的配歼8Ⅱ的发动机,与R-11F-300相比,它主要改善了压气机喘振裕度,提高了涡轮前燃气温度,采用了铸钛机匣等新工艺、新材料,故推重比较高,接近6.0。

中国首台自行设计的涡喷发动机是喷发1A,如图3-1所示。这是一台推力1570daN的小型离心式涡喷发动机,用于中国自行设计的歼教1飞机。1958年7月,装机试飞取得成功,但可惜未投入批生产。后来还自行设计过"红旗"2号轴流式涡喷发动机,因各种原因未能取得成功。

图3-1　喷发1A发动机

20世纪80年代,为满足歼7、歼8的动力改装要求,严格按照国军标和型号规范的要求,开始设计高性能的中等推力等级的"昆仑"号涡喷发动机(图3-2)。在研制中,进行了200多项大型的和系统的试验,还有超过30000h的零部件试验。因此,无论从结构可靠性还是气动性能上都表现出较高的水平。该机于 2002 年 7 月 9 日获国家批准设计定型,同时还在发展"昆仑"系列产品,"昆仑"Ⅱ号是其中一个产品号。表 3-1 对比了"昆仑"Ⅱ号与属于第 3 代的 RD-33 涡扇发动机的主要性能,RD-33 是俄罗斯用于第三代战斗机"米格"-29 的涡轮风扇发动机。从表 3-1 可以看出,"昆仑"Ⅱ 与 RD-33 已相差不多。由此可见,"昆仑"号的研制成功标志着中国航空涡轮喷气发动机的研制已经迈出了坚实的一步。

图 3-2　我国自行研制的"昆仑"号涡喷发动机

表 3-1　"昆仑"Ⅱ和 RD -33 的主要性能和结构参数对比

参　　数	"昆仑"Ⅱ	RD-33
加力推力/daN	大于 7650	8140
不加力推力/daN	大于 5390	4913
加力耗油率/(kg/(daN·h))	小于 1.84	2.09
不加力耗油率/(kg/(daN·h))	小于 0.949	0.785
发动机最大外径/mm	882	1000
发动机总长/mm	4635	4230
推重比	7.0	6.62~7.87

3.2　类型和特点

涡轮喷气发动机按其压气机的类型不同,可分为离心式涡轮喷气发动机和轴流式涡轮喷气发动机。按发动机转子结构不同,又可分为单转子和双转子涡轮喷气发动机。

3.2.1　离心式涡轮喷气发动机

采用离心式压气机的涡轮喷气发动机称为离心式涡轮喷气发动机(图 3-3)。离心式压气机结构简单,制造方便,坚固耐用,工作稳定性较好。早期的涡轮喷气发动机大多为离心式。但离心式压气机单位推力迎风面积大、效率、增压比和流通能力不如轴流式压气机,推力受到限制。因此,从 20 世纪 50 年代后,大中型发动机都不用离心式了,只有小型涡轮螺旋桨和涡轮轴发动机才采用离心式或轴流加离心组合式压气机。

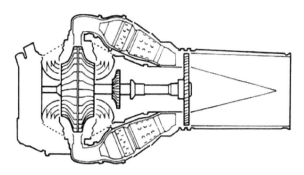

图 3-3　离心式涡轮喷气发动机

3.2.2　轴流式涡轮喷气发动机

采用轴流式压气机的涡轮喷气发动机具有效率高、增压比大和流通能力强等许多优点,目前推力稍大一些的涡轮喷气发动机均为轴流式(图 3-4)。

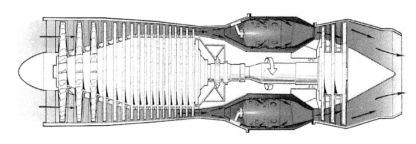

图 3-4　单转子轴流式涡轮喷气发动机

轴流式涡轮喷气发动机又有单转子和双转子发动机之分。

1. 单转子涡轮喷气发动机

单转子涡轮喷气发动机是压气机和涡轮共用一根轴的涡轮喷气发动机。其优点是结构简单,造价低廉,早期的涡轮喷气发动机多是单转子发动机。但其缺点是稳定工作范围窄,随着增压比的提高,它已被双转子发动机所取代。

2. 双转子涡轮喷气发动机

双转子涡转喷气发动机是只有气动联系,且具有同心轴转子的涡轮喷气发动机(图 3-5)。它把一台高增压比的压气机分为两个低增压比的压气机即低压压气机、高压压气机,分别由各自的涡轮即低压涡轮、高压涡轮所带动,以各自的最佳转速工作,形成两个只有气动联系的高、低压转子。低压压气机及低压涡轮的转子连接形成低压转子,高压压气机及高压涡轮连接形成高压转子,低压转子的传动轴从高压转子中穿过,两个转子分别以各自的最佳转速工作。这种发动机具有总增压比高、效率高、稳定工作范围宽、起动功率小、加速性好等优点。世界上第一台双转子发动机是 1952 年定型的美国 J57 涡轮喷气发动机。除早期发展的涡轮喷气发动机外,绝大多数涡轮喷气发动机都是双转子发动机。

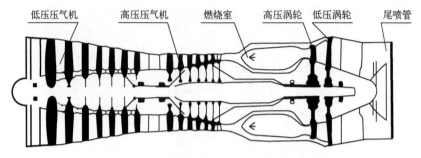

低压压气机　高压压气机　燃烧室　高压涡轮　低压涡轮　尾喷管

图 3-5　双转子轴流式涡轮喷气发动机

3.3　各部件的功能和工作原理

涡轮喷气发动机由进气道、压气机、燃烧室、涡轮、加力燃烧室、尾喷管、附件传动装置与附属系统等组成。

3.3.1　进气道

进气道又称为进气扩压器,它将飞机远前方自由流空气引入发动机并将气流减速增压(当飞机飞行速度较大时),是飞机的一个重要部件。为保证在整个飞行范围内发动机高性能而可靠地工作,要求进气道在各工作状态下应具有小的流动损失和低的阻力系数,并满足发动机所需的空气流量以及均匀稳定的进口流场(包括速度场、温度场和压力场)要求;在结构上应简单可靠,重量轻,维护方便。作战飞机对进气道还有隐身能力的要求。

进气道按来流马赫数范围可分为亚声速、超声速和高超声速进气道;按在飞行器上的布局位置不同可分为头部、两侧、腹部和背置进气道(图 3-6);按调节方式不同可分为几何可调和不可调进气道。

(a)头部　　　　　　　　　　　　　　　　(b)背置

(c)机肋　　　　　　　　　　　　　　　(d)翼下吊挂(亚声速)

(e) 两侧   (f) 机腹

图 3-6   进气道在飞行器上的布置

由于进气道与机体在气动布局和结构上,以及与发动机工作性能和稳定性匹配上密不可分,因此,现代飞机(和导弹)的设计中必须考虑对机体(飞机)—进气道—发动机进行一体化设计。进气道的主要性能参数有总压恢复系数、流量系数、阻力系数和出口流场畸变指数等。

由于进气道位于发动机最前端,流入发动机的空气中如含有水分且在温度适宜时,在进气道内就会结冰。为保证发动机进气流道的畅通,防止因结冰而导致发动机性能变坏以及冰块脱落而打伤发动机,应对进气道采取防止结冰的措施。通常采用从压气机后部引来热空气,流入整流罩和支板的夹层中,对与空气流相接触的表面进行加温;有些发动机的进气道中还铺设有电加温的防冰层。

3.3.2 压气机

压气机是向气体传输机械能、完成发动机热力循环中气体工质压缩过程,以提高气体压力的机械装置,是涡轮喷气发动机的一个重要部件。压气机的主要作用是将进入发动机的空气压力提高,为燃烧室提供高压空气,以提高发动机热力循环的效率。

根据气流在压气机中的流动方向可将压气机分为轴流式压气机和离心式压气机(图 3-7)。空气轴向地流入又轴向地流出压气机的称轴流式压气机;轴向流入而沿离心方向流出的称离心式压气机;由轴流式压气机与离心式压气机组合起来的称混合式或组合式压气机。按气流流动速度,压气机又可分为亚声速、跨声速和超声速压气机。表征压气机性能好坏的主要参数有空气流量、增压比、效率和喘振裕度。一般大推力涡轮喷气发动机均采用轴流式压气机。

(a) 单面压缩   (b) 双面压缩

图 3-7   典型的离心式压气机叶轮

1. 轴流压气机的组成

轴流压气机(图3-8)主要由不旋转的静子和高速旋转的转子组成,静子由机匣与装在它上面的一排排的静子叶片排组成;转子由多个轮盘、长轴或前、后轴颈与装在轮盘上的转动叶片组成。压气机转子与涡轮轴相连,在涡轮的带动下高速旋转,叶片在高速转动中对空气做功使气体增压、增速。

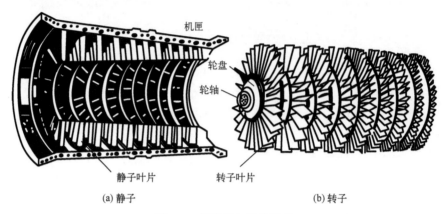

图3-8 轴流压气机的组成

通常将转动叶片称为转子叶片或工作叶片,将静子叶片称为整流叶片,一排工作叶片后紧跟一排整流叶片,气流在整流叶片中将速度降低以进一步提高压力,同时按一定的方向流入下一排工作叶片。一排工作叶片与其后的整流叶片为轴流压气机工作的基本单元,称为压气机的一级。由于单级增压比受到限制,发动机上实用的常是多级轴流压气机。

在气流流过压气机的某一流线上,将叶片剖开,其剖面的型面与飞机机翼剖面的型面相似,如图3-9所示。工作叶片与整流叶片的叶身就是由多个这种型面按一定规律叠加而成的;两个叶片间形成的通道呈扩散形,即入口处面积比出口处面积小,气流在扩散通道中流过时,速度降低、压力提高。为保证叶片能很好的工作,叶片的叶型及各截面处叶型间的关系一定要设计得很好,并在制造中予以保证。由于叶片的设计精度要求非常高,它的制造难度很大,加工费用也较昂贵。

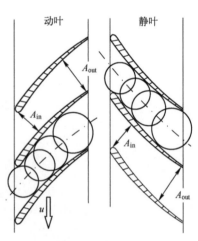

图3-9 压气机叶片通道

2. 压气机工作原理

轴流式压气机工作时,工作叶片以很高的速度旋转,对空气流做功,不仅使空气受到压缩、压强提高,而且使空气加速,以较大的速度向后排出。气流离开工作叶片后进入整流叶片中,整流叶片不仅按一定角度排列,而且叶片间的通道做成扩散形状。空气流在扩散形的整流叶片通道中,流速降低。根据物理学中的伯努利定律,在流道中,流速降低处压强必然升高,因此空气在整流叶片中得到进一步增压,增压后的空气以一定角度流出整流叶片进入下一级工作叶片。

空气在压气机的一级中受到压缩的程度(或压强提高的程度)称为一级的增压比。在燃气涡轮发动机中,早期一级的增压比不大,约为 1.1,满足不了发动机所需的高增压比,因此轴流压气机均由多级组成。

空气在压气机中受压缩后,温度也随之增加。由于空气在压气机中一级级逐渐被压缩,空气体积逐渐减小,因此压气机由前向后的流道截面面积也随之逐渐减小,呈收敛形。因此压气机的第 1 级叶片最长,末级叶片最短。

3. 压气机总增压比

进入发动机的空气在压气机中压强的提高称为增压比,即压气机出口气流的压强与其进口气流的压强之比。有些发动机由一个、两个或三个压气机组依次串联,构成发动机的增压系统,此系统出口气流的压强与其进口气流的压强之比称为发动机的总增压比。

总增压比的高低,在设计时根据发动机的需要来选定,它是影响涡轮喷气发动机工作性能的一个重要的循环参数,对发动机的单位推力和耗油率有较大的影响。一般地说,总增压比越高,发动机性能就越好(推重比大、耗油率低)。早期发动机的总增压比为 3~5,后来逐渐提高。目前,先进军用涡轮喷气发动机的总增压比为 8~12,涡轮风扇发动机总增压比在 25~35 之间,先进民用发动机的总增压比已高达 45,更高总增压比(50~100)的压气机正在研究之中。

4. 压气机结构强度

压气机工作时,转子以很高的转速旋转,一般均在 10000r/min 以上(转速与发动机的大小有关,小发动机的转速可高达每分钟几万转),转子上的工作叶片与轮盘均产生很大的离心力(与转速的二次方成正比)。工作叶片产生的离心力使叶片受到拉伸并通过叶片的根部传给轮盘,轮盘除承受本身的离心力外,还要承受工作叶片传来的离心力,因此轮盘的工作条件比叶片苛刻得多。设计中要保证工作叶片、轮盘有足够的强度。目前,对温度低于 400℃ 左右的前几级工作叶片与轮盘均用比重较小的钛合金来制造,以减轻重量;后几级温度较高,钛合金受不了,所以后几级工作叶片和轮盘都要用能耐高温的合金钢或高温合金制成。

5. 压气机喘振

压气机的气流通道是按照一定的工作条件来确定的。首先是流入发动机的空气流量、转子的转速,其次是飞机的飞行速度和高度。然而,随着飞行状态和发动机转速的变化,这些工作条件是变化的,这就带来了问题。通常,压气机的气流通道是按设计工况来设计的,沿流道每个点的截面积均正好与气流流量相适应,气流能够顺畅地吸进来,又顺畅地向后排出去。但是,当转速降低时,增压比跟着降低,而且效率也降低。如果进气压强不变,前面几级的压强降低还不显著,后面几级的压强降低就比较多了。压强降低,气体体积就变大,压气机后面几级的气流通道就显得"太小"了,流通不畅,气流被堵住而不能全部排出去,叶片的工作也就不正常。于是气体压强发生脉动式的忽高忽低的变化。

当进入压气机前几级的气流向后流动时,如果后面通道被堵塞而不能全部流过,则气流会往前倒流;倒流使后面的气流通道被疏通,空气气流又被吸入压气机,向后流时又被堵塞,又向前倒流,如此反复变化,气流在压气机里来回窜动,并以忽大忽小、不稳定的压强和速度从出口流出去。这种不正常的现象就称为"喘振"。"喘振"时常伴有涡轮前燃气温度突升和放炮声,造成发动机熄火停车,涡轮等热端部件和压气机出口几级叶片超温,甚至由机械振动而造成发动机损坏。

6. 喘振边界和喘振裕度

当压气机转速不变,反压(压气机出口压力)提高到一定程度(相当于通道被堵塞)时就会发生喘振,刚进入喘振状态的点称为该转速的喘振点。各转速所对应的喘振点的连线称为喘振边界(图3-10)。

图3-10中,纵坐标的π_C表示增压比,横坐标的W_{acor}表示空气流量,S为喘振点,O为工作点。压气机在一定转速下的共同工作线与喘振边界上对应点之间距离的度量称为喘振裕度。通常用下式表示:

$$SM = \left(\frac{\pi_{C,S}/W_{acor,S}}{\pi_{C,O}/W_{acor,O}} - 1 \right) \times 100\%$$

式中:SM 为压气机喘振裕度(Surge Margin);$\pi_{C,S}$为喘振点增压比;$W_{acor,S}$为喘振点空气流量;$\pi_{C,O}$为工作点增压比;$W_{acor,p}$为工作点空气流量。

压气机必须具有足够的喘振裕度,才能保障发动机在整个飞行包线范围内和所有机动飞行状态下正常稳定可靠地工作。

喘振是发动机工作中必须极力避免出现的状态。因此,在压气机上必须有防止压气机在非设计状态下喘振的措施。一般在压气机中间级处设置放气口,或采用多排可调静子叶片(即改变静子叶片的安装角),或将压气机做成两个转速不同的转子等措施来改变流道的流通能力。现代发动机在压气机上还设有"防喘"(防止压气机在工作中出现喘振)和"消喘"(在出现喘振时消除喘振)系统,以防止压气机喘振。

图3-11示出了一种典型的用于防止压气机喘振的放气活门。放气活门置于压气机中间偏后的某一级处,正常工作时,放气活门在高压空气的作用下处于关闭状态;当发动机转速降到某一设定值后,作动筒感受到应该打开放气活门的转速信号后,作动筒内的控制高压空气的阀门被关闭,放气活门在弹簧力的作用下被打开,一部分已被压缩的空气从中间级流出去(在涡轮喷气发动机中流入大气,在涡轮风扇发动机中流到外涵道内)。显然,对发动机而言,由放气活门流出的空气是一笔损失,但是它却换来了发动机在低转速下的稳定工作。

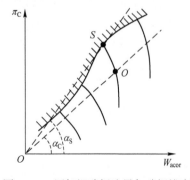

图3-10　压气机喘振边界与喘振裕度

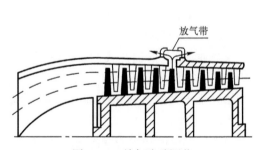

图3-11　放气防喘调节

图 3-12 示出了压气机用以防止喘振的可调静子叶片的结构图。它能使静子叶片绕其榫头轴线转动一定的角度,是改善压气机非设计状态性能和防止喘振的一项有效措施,能扩大其稳定工作范围(图 3-13),并显著改善发动机的起动性能和加、减速性能。

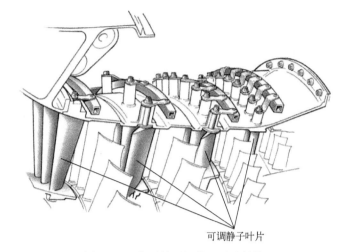

图 3-12 典型的可调静子叶片结构

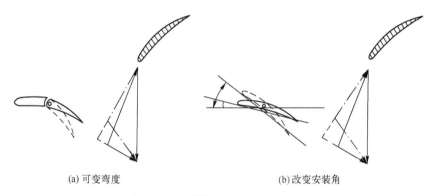

(a) 可变弯度   (b) 改变安装角

图 3-13 可调静子叶片防喘原理

7. 压气机引气和功率提取

飞机在飞行过程中,需要从压气机引出一定量的高压空气,供飞机座舱增压、涡轮叶片等高温零部件冷却以及进气道防冰、除冰使用等。此外,从压气机转子轴上,还要通过伞形齿轮输出(提取)一定功率,以带动发动机的各种附件(如滑油泵、燃油泵、起动机等)以及飞机上的发电机和液压泵等。由于从发动机提取的空气和功率均会造成发动机本身的能量损失,因此引气和功率提取均会造成发动机推力下降、油耗升高。

3.3.3 主燃烧室

主燃烧室是将压气机出来的高压空气与燃料混合并进行燃烧的装置。在主燃烧室里,燃料(如航空煤油)中的化学能经燃烧转变为热能,使气体温度大大增高。由主燃烧室流出的高温、高压(基本与压气机出口压强相同)燃气,具有很高的能量(热能与势能),用以在主燃烧室后的涡轮和尾喷管中膨胀做功。

1. 主燃烧室的组成及工作原理

图 3-14 示出了主燃烧室的简图。主燃烧室主要由扩压器、火焰筒、喷嘴和火焰稳定装置等组成。扩压器使压气机出口的气流流速降低、压强升高,便于组织燃烧;火焰筒是空气与燃油(航空煤油)燃烧的地方,火焰筒头部装有喷入燃油的喷嘴和火焰稳定装置,使气流流速进一步降低并形成回流区,以保持火焰的稳定。

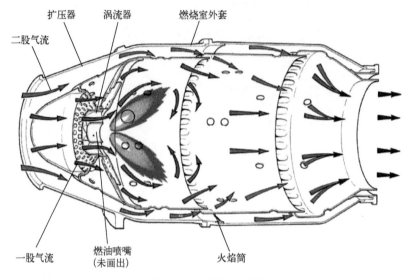

图 3-14 主燃烧室简图

由压气机出来的高压空气在火焰筒头部分为两股(图 3-15):一股气流进入火焰筒头部及其小孔,与燃油混合进行燃烧;另一股气流由燃烧室外套与火焰筒间形成的环形道中向后流动,以冷却火焰筒,最后由火焰筒后部的孔进入火焰筒内,与燃烧区的第一股燃烧后的高温气流掺混,将燃烧室出口的燃气温度降低到涡轮能承受的温度,并使燃烧室出口温度场均匀,然后再流向涡轮。

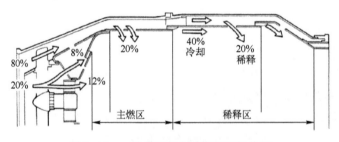

图 3-15 一种典型的主燃烧室空气分配

2. 主燃烧室的分类

燃烧室按其结构特点可分为单管、环管和环形燃烧室,它们在结构上有所不同,但其基本工作原理是相同的。按气流流动方向分为直流式和回流式;按燃油喷入方式分为气动雾化喷嘴式、蒸发管式和预混预蒸发式。

(1)单管燃烧室。单管燃烧室(图 3-16)又称分管燃烧室,多用于早期的发动机中,它的火焰筒很像一个底端开口的热水瓶瓶胆。火焰筒装在一个围绕其外的燃烧室外套

38

(或称机匣)中,为便于装拆,外套由前、后两段组成。一台发动机上一般装 8~10 个单管燃烧室,均匀地安排在发动机机匣外围,位于压气机与涡轮之间。各燃烧室间有传焰管连通,以便将在几个(一般为 2 个)燃烧室中点燃的火焰传到其他火焰筒中,点燃所有燃烧室,同时还起到均衡各个燃烧室压力的作用。单管燃烧室的优点是燃油与空气容易匹配、研制和试验费用低、刚性好、强度大。主要缺点是燃烧性能差、出口温度场不均匀度大、高空点火性能差、迎风面积大以及结构笨重等,目前已很少在发动机上采用。

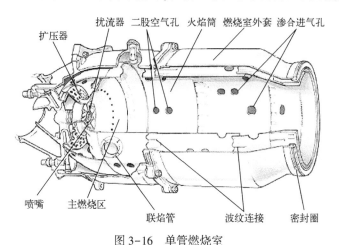

图 3-16　单管燃烧室

（2）环形燃烧室。环形燃烧室(图 3-17)是现代涡轮风扇发动机中用得最为广泛的燃烧室。它的火焰筒由两个围绕发动机轴线的同心圆壳体所组成,形成一个环形腔道,内、外壳体分别称为火焰筒内、外壳。在火焰筒外壳外面围绕一个环形的外机匣,在火焰筒内壳里面装有一个环形的内机匣,因此,整个燃烧室是由 4 个同心圆环组成的。在火焰筒前端也装有喷嘴与涡流器。环形燃烧室具有燃气温度高、迎风面积小、流动损失小、高

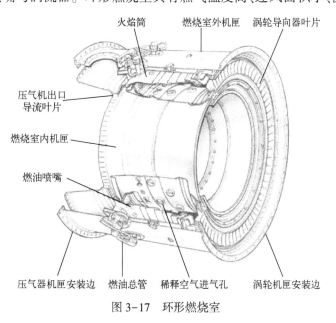

图 3-17　环形燃烧室

空点火性能好、出口温度场均匀以及长度短、重量轻等优点。不足之处是研制难度大、调试费用高、结构强度和刚性较差。但随着现代设计和材料、制造工艺水平的不断提高,这些都是可以获得解决的问题。

（3）环管燃烧室。环管燃烧室又称联管燃烧室(图3-18),它是介于单管燃烧室与环形燃烧室之间的一种燃烧室。在围绕发动机轴线的两个同心圆机匣(即燃烧室内、外机匣)中,装有10个左右的火焰筒。它的火焰筒类似单管燃烧室的火焰筒,各火焰筒间也用传焰管相互连通。

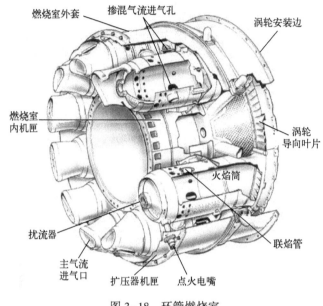

图3-18　环管燃烧室

单管燃烧室主要用于早期的涡轮喷气发动机中;20世纪50年代末期,环管燃烧室逐步替代了单管燃烧室;70年代以后发展的大型发动机多采用环形燃烧室。但在地面用燃气涡轮发动机上,仍有采用环管燃烧室的。

3. 火焰筒的冷却

以航空煤油为燃料的混合气燃烧温度大约在1800～2000℃,此温度大于目前涡轮能够承受的温度范围。因此主燃烧室的气流是分股进入主燃烧室的(图3-19),其中一部分气流要用来对火焰筒进行冷却,即采用一层薄冷却空气沿火焰筒的内壁面流动,将火焰筒壁与高温燃气隔开,部分阻隔高温燃气对火焰筒壁的热传导;同时冷却空气还可以将由于热辐射效应导致的火焰筒壁热量带走,确保在高温条件下火焰筒壁面温度处在能够承受的安全温度范围之内,以防止火焰筒烧蚀、掉块。几种常见的火焰筒冷却方式如图3-19所示。因为冷却空气并没有参与燃烧,所以减小火焰筒壁面冷却空气流量,能够增大参与燃烧的空气流量,从而提高燃烧室出口温度,从而提高发动机性能,所以近年来,对能够提高冷却效果、减小冷却空气流量的冷却方式研究较多,典型的有蒸发式冷却、迷宫冷却等。

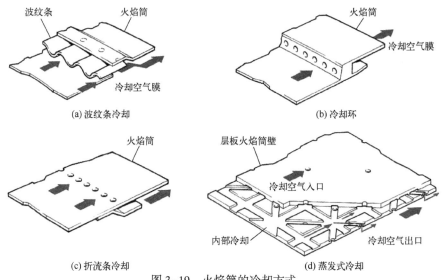

(a) 波纹条冷却   (b) 冷却环

(c) 折流条冷却   (d) 蒸发式冷却

图 3-19　火焰筒的冷却方式

3.3.4　涡轮

涡轮主要作用是将燃烧室流出的高温、高压燃气的大部分能量转变为机械功,使涡轮高速旋转并产生大的功率,由涡轮轴输出。涡轮输出的机械功可用来驱动风扇、压气机、螺旋桨、桨扇、直升机的旋翼及其他附件。在航空燃气涡轮发动机中,涡轮部件所承受的热负荷、气动负荷和机械负荷都是最大的。

1. 涡轮的组成

如同压气机一样,涡轮也是由不动的静子(又称涡轮导向器)与转动的转子所组成(图 3-20)。静子由导向器与固定它的机匣组成,转子由工作叶片、轮盘与轴组成,又称涡轮转子。一个导向器和一个涡轮转子组合成一个涡轮级。涡轮可由一个或几个涡轮级组成,分别称为单级涡轮或多级涡轮。与压气机不同的是涡轮导向器在转子之前,且型面形状和气流通道与压气机也不同,两个叶片间形成的通道呈收敛形,即入口处面积比出口处面积大,燃气流在收敛通道中流过时,速度提高、压力降低(图 3-21)。

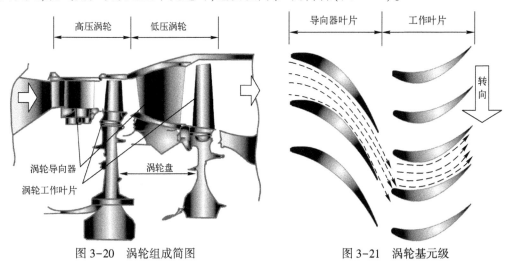

图 3-20　涡轮组成简图   图 3-21　涡轮基元级

2. 涡轮的类型及工作原理

图 3-21 示出了燃气在涡轮导向叶片及工作叶片中的流动情况。高温、高压燃气首先流入涡轮导向叶片,由于导向叶片通道做成进口流道面积大于出口流道面积,即形成收敛通道。因此,燃气是加速流过导向叶片通道的,其压强和温度都降低,在导向叶片出口处流速达到当地的声速(此处燃气温度很高,如燃气温度为 1300℃ 时,当地声速约为 800m/s),并按叶片出口型面的角度流向工作叶片。工作叶片型面如做成进、出口流道面积相等时,燃气流在工作叶片中的流动速度不变,只是方向变化(由斜下方流入,斜上方流出),工作叶片在燃气的冲击作用下带着装叶片的轮盘高速旋转,这种工作方式的涡轮称为"冲击式涡轮"。如果工作叶片型面做成出口流道面积小于进口流道面积即呈收敛形,燃气流过工作叶片时,不仅方向变化,而且继续膨胀,速度增加而压强及温度降低。这时,涡轮工作叶片不仅受到高速燃气的高速冲击力,同时燃气在叶片通道中流动时,还向后上方加速流出,这相当于工作叶片对燃气流作用一个向上方的力,那么,这股流出的燃气就对工作叶片有一向下作用的反作用力,工作叶片在这两种力的作用下,带着装工作叶片的轮盘高速旋转,这种工作方式的涡轮称为"反力式涡轮"。显然,它的工作能力比冲击式涡轮要大很多。一般来说,水力涡轮、蒸汽涡轮均是"冲击式涡轮",而在航空燃气涡轮发动机中,全都采用"反力式涡轮"。

在涡轮中,由于燃气由高压向低压流动,气动工作条件比压气机好多了,除了不会发生在压气机中的"喘振"外,一级涡轮所做的功还能带动多级压气机,所以涡轮的级数要比压气机的少得多。

由图 3-22 可见,涡轮导向器是由许多装在外环与内环间的导向叶片所组成,工作叶片装在轮盘上。特殊型面的导向叶片、工作叶片的叶片通道均做成收敛形,即叶片通道进口处的面积大,出口处的面积小,因此,燃气流过该通道时是加速的。

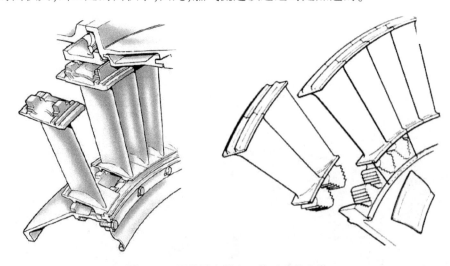

图 3-22　涡轮导向器和工作叶片的安装

3. 涡轮导向器与工作叶片的冷却方式

涡轮发出的功率大小与涡轮进口(即燃烧室出口)的燃气温度及涡轮前后压力之比(又称落压比)成正比,燃气温度和落压比越大,涡轮发出的功率也越大,发动机总体性能也就越好。因此,涡轮前燃气温度的高低是影响发动机性能好坏的一个重要循环参数。

为了得到大功率,要求涡轮进口的燃气温度尽可能高,但是涡轮叶片(包括导向叶片、工作叶片)长期处于高温燃气冲击和侵蚀之下,尤其工作叶片本身还承受很大的离心力,涡轮叶片材料会承受不了,又限制了燃气温度的提高,从而影响了发动机性能的提高。

长期以来,为了不断提高发动机的性能,要求不断提高涡轮进口燃气温度。航空发动机研制部门通常采取两方面的措施来实现这一要求:一方面提高涡轮叶片材料的耐高温性能;另一方面则是加强冷却,提高涡轮叶片的冷却效果。仅采取其中一种措施是不能满足要求的,只能两者双管齐下。

在对叶片进行冷却方面,航空燃气涡轮发动机大都采用气冷涡轮,通过不断改进叶片内部冷却通道的结构和冷却方式,逐步提高叶片材料的冷却效果。

通常要从压气机引出高压空气来对涡轮叶片进行冷却,图3-23示出了典型的气冷式涡轮导向器叶片和涡轮工作叶片的冷却空气流路图。早期的涡轮叶片采用较为简单的冷却结构,例如在工作叶片叶身中,从上向下开有多个圆孔或特型孔,冷却空气由下面的孔引入,再由上面的孔排出,从而带走叶片材料中的部分热量,达到降温的目的。这种简单的冷却方式,冷却效果约为100℃左右(即可使材料温度降低100℃左右),远不能满足发动机发展的需要。因此,在近20~30年间,对涡轮叶片的冷却结构做了大量改进,冷却方式有对流、冲击、气膜、发散、层板及复合等多种,当今的叶片冷却结构已非常复杂,当然它的冷却效果也较高,约为350~400℃。图3-24为典型的涡轮工作叶片的冷却结构变化图。现在正在研究超级冷却的涡轮叶片,可使叶片材料温度降低约500~650℃。此外,还采用在叶片表面上喷涂隔热材料(热障涂层)的方法,来达到更好地冷却涡轮叶片的效果。

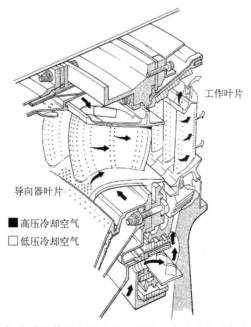

图3-23 气冷式涡轮导向器叶片和涡轮工作叶片的冷却空气流路图

4. 涡轮叶片的材料及制造工艺

在材料方面,除改进高温合金中的合金成分、将镍的成分增多并适当添加微量稀有元

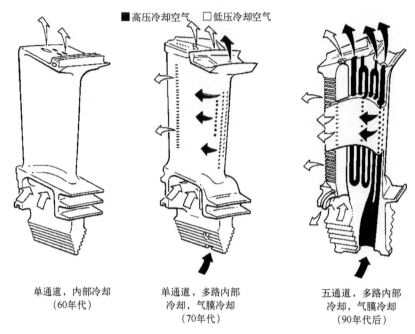

单通道，内部冷却
（60年代）

单通道，多路内部
冷却，气膜冷却
（70年代）

五通道，多路内部
冷却，气膜冷却
（90年代后）

图 3-24　涡轮工作叶片的冷却结构变化图

素,以进一步提高材料本身的耐高温性能之外,在叶片的熔炼工艺方面也进行了大量的研究和改进工作。在 20 世纪 60 年代,涡轮叶片毛坯的制造方法已由锻造改为真空条件下的精密铸造,70~80 年代,又由铸造的多晶结构发展为定向结晶结构,现在已实现能将整个叶片铸成一个晶体,即单晶叶片,这种改进不仅可提高叶片的耐高温性能,还能延长叶片在高温条件下的工作寿命。

图 3-25 示出普通铸造、定向结晶及单晶材料的显微结构图。

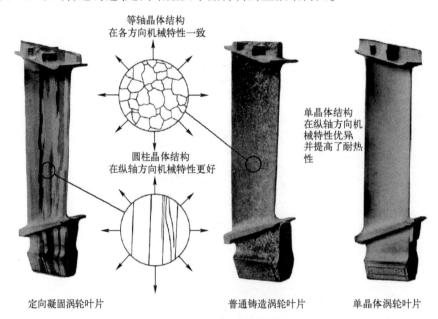

等轴晶体结构
在各方向机械特性一致

单晶体结构
在纵轴方向机械特性优异
并提高了耐热性

圆柱晶体结构
在纵轴方向机械特性更好

定向凝固涡轮叶片　　　　普通铸造涡轮叶片　　　单晶体涡轮叶片

图 3-25　普通铸造、定向结晶及单晶材料的显微结构图

虽然在涡轮工作叶片的材料、冷却结构上做了很大努力,并已取得突出的成就,但仍不能满足发动机性能日益提高的要求。目前正在大力开发陶瓷等新材料、新技术,估计在不远的将来,新的、性能更好的、采用陶瓷材料制造的涡轮工作叶片及用其他新技术装备起来的航空发动机可望投入使用,到那时军、民用飞机的性能必将有大幅度的提高。

3.3.5　加力燃烧室

在发动机涡轮或风扇后的气流中喷油燃烧,使气流温度大幅升高,从喷口高速喷出,以获得额外推力的装置称为加力燃烧室,又称后燃室或补燃室。采用加力燃烧室,至今仍是使飞机能突破声速的主要手段。

按涡轮风扇发动机两股气流加力的方式,加力燃烧室可分为外涵道加力、核心流加力、平行流加力和混合流加力;按加力燃烧室内气流流动的形式,又可分为直流式加力和旋流式加力。

1. 加力燃烧室工作原理

在燃烧室中,由压气机出来的高压空气,大约只有1/4进入火焰筒与喷入的燃油混合燃烧,余下的空气由火焰筒后部小孔流入火焰筒与燃烧气体掺混,将燃气温度降低到涡轮工作叶片能够承受的水平,因此,流出燃烧室的燃气中还有大量可用的氧气。在涡轮后已无高速转动部件,可以利用这部分气流中的氧气再喷入燃油进行补充燃烧,以提高燃气温度,增加燃气流出尾喷管前的能量,加大喷气速度,从而增加发动机的推力。现代超声速战斗机用发动机一般均带有加力燃烧室,以使飞机在起飞、爬升、加速和机动飞行时短时内获得很大的推力。当然,在大幅度增加推力的同时,发动机的耗油率也随之大幅度增加,这是因为加力燃烧室工作时,由尾喷管排出的燃气温度及速度大大增加,使发动机排出机体外的能量(热能、动能)也大大增加所致。所以,民用客机的发动机是不带加力燃烧室的。但是,"协和"号超声速旅客机的发动机上也装有加力燃烧室,在主要用于使客机突破"声障",即从亚声速到超声速的过程中增加推力。

以第三代战斗机用的F100涡轮风扇发动机为例,不开加力的最大推力状态下的耗油率为0.66kg/(daN·h),开加力时的耗油率高达2.0kg/(daN·h),为不开加力时的3倍多。由于加力耗油率高和热负荷大,故一般加力状态的使用时间都受到限制,如一次连续工作时间约在15~20min。在"协和"号超声速旅客机的"奥林帕斯"发动机上,专门设计的加力燃烧室最多也只可以连续工作30min。

目前,美国的第四代战斗机F/A-22、F-35飞机,要求不开加力就能够实现以马赫数1.4~1.6的超声速巡航飞行,这就要求增加发动机不开加力时的推力,目前主要采用小涵道比和提高涡轮前燃气温度的方法来达到这一目标。用于F/A-22、F-35飞机的F119发动机的涡轮前燃气温度为1477~1577℃,将来如能使涡轮前燃气温度提高到1827~1927℃时,就可能不再需要加力燃烧室了。

2. 加力燃烧室的组成

图3-26示出了发动机的加力燃烧室结构简图。加力燃烧室通常由扩散器、掺混器(对涡轮风扇发动机而言)、喷油装置、火焰稳定器、点火器、隔热防振屏和加力筒体等组成。

由外涵道流来的空气经掺混器流入低压涡轮后的流道与低压涡轮后的燃气掺混(对

混合排气涡扇发动机),或者低压涡轮后的燃气(对涡轮喷气发动机)首先在扩散器中降低流速,由喷油装置喷出的燃油与燃气掺混,燃气虽在扩散器中降低了流速,但流速仍然很高,无法组织燃烧,为此还必须采用火焰稳定器来组织并稳定燃烧。

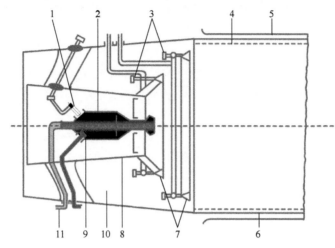

图 3-26　加力燃烧室结构简图

1—加力电嘴;2—预燃室;3—加力燃油喷嘴;4—隔热防振屏;5—冷却管;6—加力筒体;

7—火焰稳定器;8—内锥体;9—预燃喷嘴;10—扩散段;11—空气导管。

3. 火焰稳定器

在加力燃烧室高速气流中形成回流区用以稳定火焰的装置称为火焰稳定器。也可以说,火焰稳定器相当于一个在大风中的挡风墙,风力再大,在挡风墙后面的火焰也不会被吹灭,它有利于加力燃烧室中燃烧过程的稳定。

几乎所有加力燃烧室采用的火焰稳定器均做成 V 形槽的形式,这种形式是自 20 世纪 40 年代末有加力燃烧室以来一直沿用的传统结构,只不过有的发动机采用环形(1~3环),有的采用径向式(多根),或采用二者的组合形式。当高速气流流过 V 形槽时,由于尾缘气流分离产生低压区,使得在稳定器的后面形成回流区,在回流区中充满高温已燃产物,存在稳定的点火源,不断点燃稳定器边缘的新鲜油气混合气,使火焰得以稳定并传播开去(图 3-27)。

值得特别指出的是我国歼 6、歼 7 战斗机发动机的加力燃烧室,在 20 世纪 80 年代中期换用了一种与传统形式完全不同的新型稳定器。这种称为"沙丘驻涡火焰稳定器"的新型稳定器(图 3-28)是北京航空航天大学高歌等教授在我国著名的发动机老专家宁榥教授的指导下发明的。采用这种新型火焰稳定器后,不仅加力燃烧室中燃烧过程更加完善,燃烧稳定性得到较大提高,而且发动机耗油率也降低了,战斗机的机动性能也得到了提高。为此,在第一次全国科学大会上,"沙丘驻涡火焰稳定器"获得国家发明一等奖,可以说这是中国人在航空发动机部件改进中独立做出的第一项重大突破。世界著名的航空、航天专家钱学森先生称赞道:这是一项为中国人民争气的很有价值的重大发明,是一个很大的技术突破,这项科研成果"在国际航空史上,为中华人民共和国争得了荣誉"。几位发明人也因此受到了党和国家领导人的亲切接见。

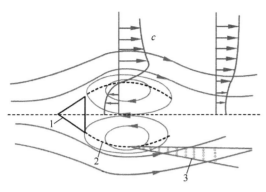

图 3-27　V 形火焰稳定器工作原理

1—火焰稳定器;2—回流区边界;3—燃烧区。

图 3-28　沙丘驻涡火焰稳定器

4. 振荡燃烧

在发动机工作时,加力燃烧室中出现大幅度压力脉动的周期性不稳定现象称为"振荡燃烧"。在大多数发动机的加力燃烧室中,由于气流和喷油的脉动,常伴有轻微的压力脉动,这是允许的正常燃烧状态。但是,当气流和燃烧释热脉动与加力燃烧室固有共振频率之一的气柱声振荡频率发生耦合共振时,就可能形成"振荡燃烧"。此时气流脉动的压力幅值明显增大,一般压力幅值是平均压力的 5%~10%,甚至 50% 以上。通常,涡轮喷气发动机在低空高速时容易产生高频振荡,发出尖啸声;而在高空小速度时,特别是小涵道比涡轮喷气发动机易产生低频振荡,发出嗡鸣声。"振荡燃烧"严重时会出现"放炮声",造成风扇和压气机失速或喘振,甚至使发动机停车或机械损坏,所以,必须极力避免加力燃烧室出现振荡燃烧。避免振荡燃烧主要的方法有优化加力燃烧室设计、调整喷嘴与稳定器的距离、抑制振源和加装隔热防振屏等。

5. 隔热防振屏

安装在加力筒体内用以隔热并防止振荡燃烧的多孔薄板筒体称为隔热防振屏(图 3-29)。

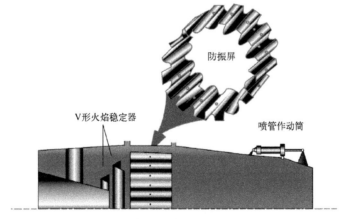

图 3-29　加力燃烧室的隔热防振屏

加力燃烧室工作时,由于火焰稳定器后面的燃气温度很高,为此,必须在加力燃烧室筒体(即承力的外壳体)内装隔热套筒,与外壳保持一定的距离,形成环形冷却通道,在涡扇发动机中利用外涵道的空气作为冷却气流,这股气流大约为总气流量的10%左右;而在涡轮喷气发动机中,则只能用涡轮后温度较高的燃气来冷却,显然冷却效果欠佳。所以,在涡轮喷气发动机中,有时发生加力燃烧室承力的外壳体温度过高的"烧屁股"问题。

隔热防振屏通常由一段或多段筒体所组成,也有用全长隔热防振屏的,其上开有许多1~3mm的小孔,前段主要起防振作用,后段起隔热作用。隔热防振屏一般做成纵向或横向波纹形。这样,一方面可使压力波发生漫反射,以大大减弱反射压力波的能量并改变其相位,起到阻尼作用;另一方面因小孔两侧存在压差,气柱既可进入冷却通道,也可反向流入燃烧室,使振荡能量变为气流动能而被吸收,从而起到防止振荡燃烧发生的作用。同时,带小孔的波纹板受热后变形,可以减小隔热防振屏的热应力。

6. 加力比

带加力燃烧室的发动机中,开加力时的推力与不开加力时的最大推力(不开加力时的最大推力定义为中间推力)之比称"加力比"。加力比大,意味着装这种发动机的战斗机机动性好,它是评定加力燃气涡轮发动机及其加力燃烧室的主要性能指标之一。在涡轮喷气发动机中,加力比一般为1.4~1.6;在涡轮风扇发动机中,加力比较大,一般为1.6~1.8,高的几乎可达到2.0。例如,俄罗斯为"米格"-31研制D-30F6涡轮风扇发动机的加力比为1.997,是现在加力比最大的发动机。

为什么涡轮风扇发动机的加力比大于涡轮喷气发动机?这是因为在涡轮风扇发动机中,外涵道中流过的全是没有燃烧的空气,因此在它的加力燃烧室中,可供燃烧的空气量比涡轮喷气发动机的多很多,因此可喷入更多的燃油,使加力推力增加得更多。

图3-30为典型的加力燃烧室结构。为了获得更大的加力状态推力,应尽量提高加力燃烧室出口的燃气温度(一般可达到1750~1800℃以上),以使由喷口排出的燃气速度达到最大,当然这又带来了如前所述的在开加力燃烧室时,发动机的经济性变得极差。

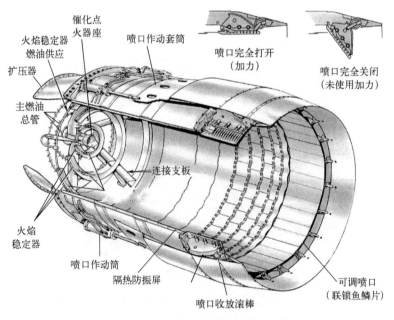

图3-30 典型的加力燃烧室结构

加力燃烧室的工作条件远不如主燃烧室中的好。首先,主燃烧室中的空气压强是压气机出口压强,是发动机中压强最高处,而加力燃烧室中的燃气压强是涡轮后的压强,大大低于前者,加力的燃气压强低,燃烧性能就较差;其次,主燃烧室进口处的空气流速较低,约为 100m/s,而加力燃烧室进口处燃气速度却高得多,约为 400~500m/s,流速越高,组织燃烧就越困难。另外,在主燃烧室中与燃油混合的是纯空气,而在加力燃烧室中,与燃油混合的是已燃烧过的燃气与空气的混合气,当然不利于燃烧。因此,在加力燃烧室中虽然采取了组织稳定燃烧的必要措施,但燃烧过程仍然不好,不得不将加力燃烧室做得很长。现在主燃烧室的长度约为 400~800mm,短的不到 300mm,而加力燃烧室的长度却长达 2000~3000mm,与风扇、压气机、燃烧室、涡轮加起来的长度相当或更长些,即使有这么长的长度,在加力燃烧室出口处燃烧过程仍然不可能十分完全。

图 3-31 为美国 F100 发动机(用于配装 F15,F16),由图可明显看出,加力燃烧室的长度比风扇,高压压气机,燃烧室,高、低压涡轮几个部件长度都要长得多。

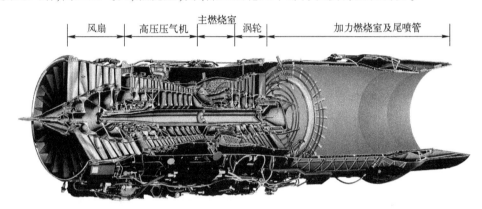

图 3-31　加力燃烧室与其他部件轴向长度比较

3.3.6　尾喷管

尾喷管又称排气喷管,简称喷管。其主要作用是将由涡轮流出的、仍有一定能量(压力能、热能)的燃气膨胀加速,以较大的速度(可以大于 1000m/s)排出发动机,用以产生推力。

3.3.6.1　类型

尾喷管的分类(图 3-32)方法很多,按其流道型面可分为简单收敛型与收敛扩散型;按其出口面积是否可调分为固定喷管和可调喷管;按其流道横截面形状,可分为轴对称型和非轴对称型;按推力方向,可分为常规推力型、转向型、反推力型和推力矢量型;按排气组织可分为引射喷管、分流喷管和整体喷管;按隐身功能又可分为隐身型和非隐身型等。

1. 收敛型喷管

流道面积沿流向逐渐缩小的喷管。燃气在喷管中膨胀加速,出口处的流速最大只能达到当地声速(即马赫数 1.0)。这种喷管结构简单、重量轻、工作可靠、调节方便。喷口面积有可调和不可调节两种,常应用于亚声速飞机、短时间超声速和低超声速飞机。喷口

49

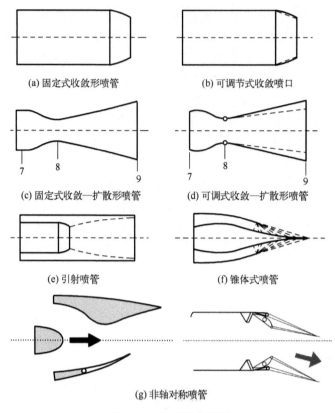

(a) 固定式收敛形喷管　　　　　　　(b) 可调节式收敛喷口

(c) 固定式收敛—扩散形喷管　　　　(d) 可调式收敛—扩散形喷管

(e) 引射喷管　　　　　　　　　　　(f) 锥体式喷管

(g) 非轴对称喷管

图 3-32　喷管类型简图

面积可调的收敛型喷管常用在带加力燃烧室的军用飞机上,不加力工况时出口面积最小,开加力时出口面积要增大60%~150%,以满足接通加力和不同加力比工况下发动机稳定工作的需要。

2. 收敛—扩散型喷管

流道面积沿流向先收敛、后扩张的喷管,又称为拉瓦尔喷管或超声速喷管。在这种喷管中,由收敛型转为扩散型处的流通面积最小,称为"喉道"。燃气流到喉道时,流速达到当地声速,再流过扩散形通道时,流速超过当地声速。当燃气流出喷口时,燃气的压强基本与发动机周围空气的压强相等,即燃气在尾喷管中做到了完全膨胀,排气速度可以大于当地的声速。

超声速飞机用的带加力燃烧室的燃气涡轮发动机,一般都要采用收敛—扩散型喷管,其喉道和出口面积一定是可调节的,以适应发动机工作状态的变化,并使燃气在喷管中完全膨胀或接近完全膨胀。

在发动机主机工况不变的条件下接通加力时,加力燃烧室中喷油燃烧使气体温度升高,气体受热膨胀,容积加大,原有的喷口就阻碍了燃气向后的流动,即堵塞了燃气向后的流动,这时燃气就有向发动机前部倒流的趋势,顶住从前向后流动的气流,这不但影响发动机前面各部件的正常工作,而且会造成涡轮超温、加力燃烧室不能正常工作等。因此,在带加力燃烧室的发动机中,尾喷管喷口面积一定要做成可以调节的,不开加力时,喷口面积最小,开全加力时,喷口面积开得最大。另外,为保证在打开或关闭加力燃烧室时不

50

会发生涡轮超温,在打开加力(即接通加力)时,得先加大喷口面积,然后再向加力燃烧室供油;而在关闭加力(即切断加力)时,要先停止向加力燃烧室中供油,然后再缩小喷口面积。

3. 反推力喷管

能使发动机排气向前折转、使推力反向的装置,通常又称为反推力装置。

反推力装置多用在旅客机发动机中,以缩短飞机降落时在跑道上的滑跑距离,起到辅助的刹车作用。其效果比阻力伞、着陆钩或阻力板要好,安全可靠,且不受风向和机场条件的限制。

反推力装置可分为蚌壳型(又称格栅式)和挡板型(又称靶式)两大类型,如图3-33所示。理论上,如能将喷口喷出的燃气流折转180°,这时产生的反推力大小应与发动机正常工作时的推力(称为"正推力")相等,只是方向相反,但实际上这是做不到的。通常,当需要反推力时,将挡板向后伸出挡在后面,使喷气流沿挡板折向斜前方流出,这种向斜前方流出的燃气可分解成一个向外的流速,一个沿发动机中心线向前的流速,这股向前流动的燃气流速产生了反推力。由图3-33可以看出喷气流不是180°折向前方的,因此产生的反推力绝不等于正推力的大小,一般只为正推力的40%左右。

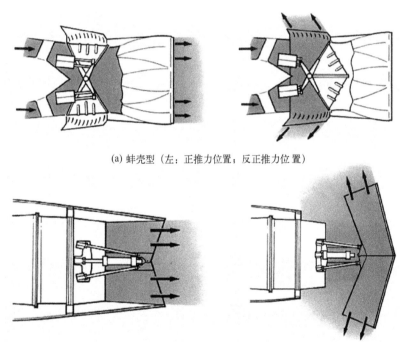

(a) 蚌壳型(左:正推力位置;反正推力位置)

(b) 挡板型(左:正推力位置;反正推力位置)

图3-33　反推力喷管

4. 转向喷管

喷口可向上、下转动90°或以上的喷管。它是矢量喷管中的一种特殊情况。

20世纪60年代国外发展了"垂直/短距起落"飞机,它的外形、水平飞行均与普通飞机一样,只是在起飞、着陆时像直升机一样能垂直地起飞、着陆。要做到这一点,发动机必须在起飞、着陆时能产生比飞机重量还大的向上升力,正常飞行时又能产生向前的推力。

曾闻名于世的英国"鹞"式垂直/短距起落飞机采用了喷口可转向的"飞马"涡轮风扇发动机,在发动机风扇出口处的左、右两侧以及尾喷管左、右处各装有一个可向后、下、前转动(转动角度为95°~110°)的喷口(共4个,见图3-34)。前两个喷管排出外涵气流,后两个喷管排出内涵气流。当飞机起飞或着陆时,4个喷口均转向下方,气流向下喷出产生升力;当飞机做水平飞行时,4个喷口均转向后,气流向后喷出便产生向前的推力。

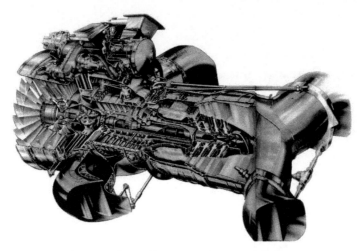

图 3-34　喷口可转向的"飞马"涡轮风扇发动机

5. 矢量喷管

矢量喷管是一种能够改变排气方向,进行推力矢量控制的喷管。

20世纪90年代,为了实现第四代战斗机要求具有高的敏捷性与短距起飞或着陆的能力,发展了能改变推力方向的"矢量喷管"。实际上,矢量喷管就是利用改变由喷口喷出的燃气方向,即改变喷口轴线与发动机中心线间的夹角来实现推力方向改变的,其矢量角一般为0°~20°。有一种只在垂直面中改变喷气流方向的矢量喷管,称为二维或二元矢量喷管,如图3-35所示。目前,可在360°范围内任意改变推力方向的轴对称矢量喷管是发展重点(图3-36)。

图 3-35　二元矢量喷管

图 3-36　轴对称矢量喷管

当前,美国正在研制的第四代战斗机中,除前述的 F/A-22 外,还有联合攻击机 F-35。F-35 有三种用于不同军种的型别,其中:常规起降(CTOL)型用于空军,舰载(CV)型

52

用于海军航空兵,短距起飞/垂直降落(STOVL)型用于海军陆战队、海岸警备队。

F-35短距起飞/垂直降落型飞机采用了升力风扇、带转向矢量喷管的加力式涡轮风扇发动机并用的组合动力装置,图3-37示出了该动力装置装在飞机中的简图。

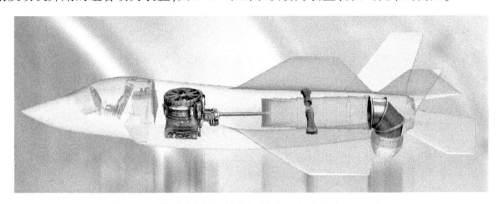

图3-37　带升力风扇、转向矢量喷管发动机的F-35飞机

在F-35飞机上,升力风扇垂直地装于座舱后的机身中,由主发动机风扇前伸的传动轴通过一对锥形齿轮及一套离合器驱动。机身上、下设有可开关的窗口。当飞机起飞或着陆时,窗口打开,空气被风扇从上窗口吸入,经风扇加速后由下窗口高速喷出,在飞机起降时为机身前部提供举力;正常飞行时,上下窗口关闭。由F/A-22所用的推重比为10的F119DN力式涡轮风扇发动机衍生改进而成的主发动机F135(也称JSF119-611S)安装于飞机机身后部,其转向矢量喷管伸出机尾,飞机起飞或着陆时,转向矢量喷口转向下方,为飞机后部提供升力。

3.3.6.2　排气噪声

涡轮喷气发动机工作时,尾喷管排出的高速气流,与周围的大气猛烈地撞击,产生紊流度极强的掺混,形成使人烦躁不安的噪声,这种噪声的频率很低,比频率较高的声音传播的距离要远。

早期以涡轮喷气发动机为动力的旅客机,为使旅客空中旅行舒适,同时也减少飞机对机场附近居民的噪声骚扰,常在发动机尾喷管出口处装有"消声器"(图3-38)。但是,随着涡轮风扇发动机普遍成为旅客机的动力后,由于涡轮风扇发动机尾喷管排出的燃气速度大大低于早期涡轮喷气发动机的排气速度,排气的噪声也大大降低了(一般喷气流产生的噪声强度与排气速度的8次方成正比),因此现代旅客机上,在发动机尾喷管后均不装消声器,但仍需采取措施来降低风扇、涡轮等的噪声。

(a)　　　　　　　　　　　　　　(b)

图3-38　普通喷管与消声喷管

3.3.7 附属系统与附件传动系统

要保证涡轮喷气发动机正常地工作,单有上述主要部件还不够,还需要一些保证发动机正常工作的附属系统,如燃油系统、滑油系统、调节系统、起动系统等,这些系统中又有许多称为发动机附件的器件,例如,燃油系统中的燃油泵、燃油滤、各种开关和阀门、调节机构和管路;滑油系统中的滑油泵、滑油滤、滑油箱、滑油管路和散热器等。

有些发动机附件是不转动的,但有许多是转动的,例如,滑油泵、燃油泵、起动机等,这些附件不仅对传动功率、转速有一定的要求,而且对旋转方向也有规定。为了安装并传动上述需转动的发动机附件以及一些飞机附件,如液压泵、真空泵、发电机等,在发动机上均设有附件传动机匣,机匣中装有一系列相互啮合的、大小不同的齿轮(包括伞形齿轮,如图 3-39 所示),由发动机的高压转子轴通过伞形齿轮及传动轴来驱动,带动各种附件。

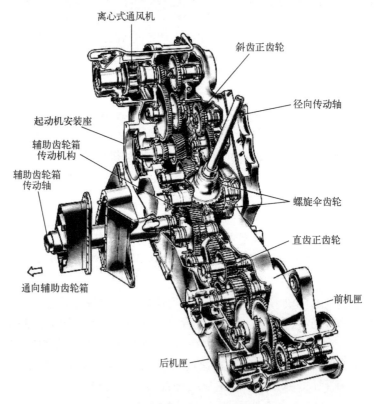

图 3-39　典型的发动机附件齿轮箱

54

第4章 涡轮风扇发动机

4.1 工作原理

4.1.1 工作过程

涡轮风扇发动机简称为涡扇发动机。涡扇发动机的突出特点是气体在发动机中的流动分别部分地或全部地经历内、外两个通道,又称为内涵和外涵,如图4-1所示。其中流过外涵的空气流量与流过内涵的空气流量之比称为涵道比。

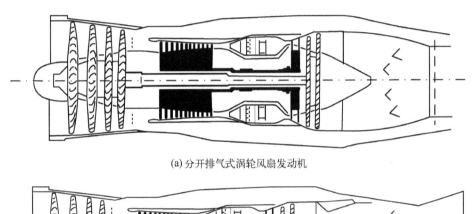

(a) 分开排气式涡轮风扇发动机

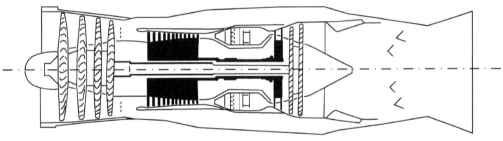

(b) 混合排气式涡轮风扇发动机

图4-1 涡轮风扇发动机简图

以混合排气的双转子涡扇发动机为例,当发动机工作时,空气从未受扰动的状态(速度为飞行速度v、压力和温度分别为当地大气压力和温度)开始,流经进气系统后进入发动机。首先,空气在风扇(低压压气机)中受到压缩,压力、温度增高,速度降低,在风扇(低压压气机)的出口分成两路:一路为外涵空气流,经过外涵道后进入混合器,与流经内涵的燃气流混合;另一路则为内涵气流,在高压压气机中再次受到压缩,压力、温度进一步增高。高压的空气随后进入主燃烧室,与供给的燃料进行充分混合,当燃料燃烧后则吸入大量的热量,形成高温、高压的燃气。高压、高温的燃气在后续的高压涡轮中膨胀做功,压力、温度降低,速度增大,驱动高压涡轮而带动高压压气机旋转,以维持对内涵气流的增压作用。从高压涡轮出来的燃气在随后的低压涡轮中也同样进行膨胀做功,压力和温度进一步降低,速度进一步增大,驱动低压涡轮带动风扇(低压压气机)旋转,从而维持风扇(低压压气机)对内、外涵气流的增压作用。在混合器中,内涵的燃气与外涵的空气进行混合,形成具有一定压力、温度和速度的燃气,然后进入加力燃烧室。在加力燃烧室中,若处于加力状态,则燃气与加力燃烧室中供给的燃料混合再次进行燃烧,产生大量的热量,使经历加力燃烧室的燃气温度大幅度增加。最后,具有较大可用能的燃气在尾喷管中膨胀加速,以很高的速度从尾喷管中排出,从而产生很大的推力。沿流程气流总压、总温及速度变化的情形如图 4-2 所示(图中虚线表示外涵参数,点划线表示加力状态)。

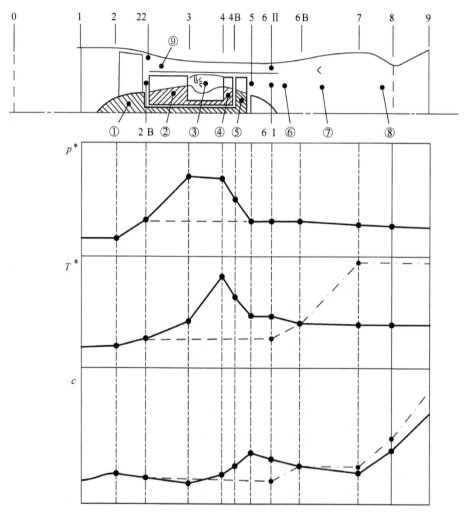

图 4-2　混排涡扇发动机截面划分及气流参数变化示意图($M_0=0,H=0$)
① 风扇(低压压气机);②高压压气机;③主燃烧室;④高压涡轮;
⑤ 低压涡轮;⑥混合器;⑦加力燃烧室;⑧尾喷管;⑨外涵道。

4.1.2 质量附加原理

涡扇发动机是在涡喷发动机的基础上加上外涵道形成的,若把外涵的空气流称为附加质量,那么涡扇发动机工作时把内涵的能量传递给附加质量。如果内涵质量一定,则附加质量越多,涡扇发动机的推力越大,耗油率越低,该原理称为涡扇发动机的质量附加原理,它从物理上解释了涡扇发动机油耗低于涡喷发动机的根本原因。

假设有 2 台发动机,一台为涡喷发动机,另一台为涡扇发动机,其中涡喷发动机的参数与涡扇发动机内涵参数相同,即 2 台发动机核心机是完全相同的,产生同样大小的可用功,即

$$W_a \times \frac{v_9^2 - v_0^2}{2g} = W_a' \times \frac{v_9'^2 - v_0^2}{2g} \tag{4-1}$$

式中:W_a 为涡喷发动机空气流量,也等于流过涡扇发动机内涵空气流量,即 $W_a = W_{a,\mathrm{I}}$;W_a' 为涡扇发动机空气流量,等于内涵流量与外涵流量之和,即 $W_a' = W_{a,\mathrm{I}}' + W_{a,\mathrm{II}}'$;$v_9$ 为涡喷发动机排气速度;v_9' 为涡扇发动机排气速度;v_0 为自由来流速度。

明显地,因为 $W_a' > W_a$,所以有 $v_9' < v_9$。

再来比较 2 台发动机的推力,假设 2 台发动机喷管均处于完全膨胀状态。

涡喷发动机推力为

$$F = W_a(v_9 - v_0) \tag{4-2}$$

涡扇发动机推力为

$$F' = W_a'(v_9' - v_0) \tag{4-3}$$

两者推力之比为

$$\frac{F'}{F} = \frac{W_a'(v_9' - v_0)}{W_a(v_9 - v_0)} \tag{4-4}$$

变换式(4-1)为

$$\frac{W_a'(v_9' - v_0)}{W_a(v_9 - v_0)} = \frac{(v_9 + v_0)}{(v_9' + v_0)} \tag{4-5}$$

将式(4-5)代入式(4-4),得

$$\frac{F'}{F} = \frac{(v_9 + v_0)}{(v_9' + v_0)} \tag{4-6}$$

因为 $v_9' < v_9$,所以 $F' > F$。

最后比较 2 台发动机的耗油率。

由于 2 台发动机核心机是完全相同的,二者的燃油流量必然相等,因此耗油率与推力成反比,即

$$\frac{\mathrm{sfc}'}{\mathrm{sfc}} = \frac{F}{F'} < 1 \tag{4-7}$$

由此可知,只要把内涵的能量传递给外涵的附加质量,使得发动机总空气流量增大,就会使发动机推力增大,耗油率降低。而且附加质量越大,发动机推力越大,耗油率越低。这就是涡扇发动机的质量附加原理。

4.1.3 分类

涡扇发动机根据排气方式的不同而分为两种类型:一种是内、外涵气流分别从各自的涵道中排出,称为分开排气式涡轮风扇发动机,如图4-1(a)所示;另一种是外涵气流与内涵气流在内涵的涡轮后进行混合后再排出,称为混合排气式涡轮风扇发动机,如图4-1(b)所示。除此之外,还可以按风扇安装的位置、发动机转子的数目来划分。根据风扇安装位置的不同,涡扇发动机可分为前涡扇发动机(风扇位于发动机前部,见图4-3(a))、后涡扇发动机(风扇位于发动机后部,见图4-3(b))和高位涡扇发动机(风扇装置伸到发动机外部,见图4-3(c))。其中,前涡扇发动机得到了最广泛的应用,如军用混排加力涡扇发动机。根据转子的数目可分为单转子涡扇发动机(图4-4(a))、双转子涡扇发动机(图4-4(b)、(c))和三转子涡扇发动机(图4-4(d))。其中,双转子结构形式的涡扇发动机得到了最广泛的应用。

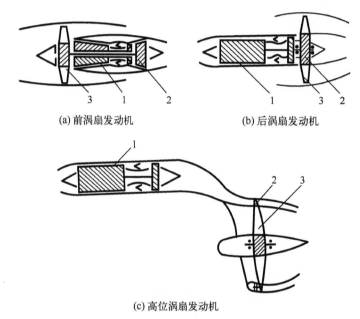

(a) 前涡扇发动机   (b) 后涡扇发动机

(c) 高位涡扇发动机

图4-3 涡扇发动机按风扇位置的分类

1—燃气发生器;2—带动风扇的涡轮;3—风扇。

此外,还有一些特殊形式的涡扇发动机,如供短距起降飞机用的多涵道涡扇发动机等。

军用战斗机所配装的一般都是带复燃加力燃烧室的混合排气式涡轮风扇发动机,简称为混排式加力涡扇发动机。

4.2 发展概况

4.2.1 出现背景

20世纪50年代至60年代,涡喷发动机获得了极大发展。装涡喷发动机的战斗机突

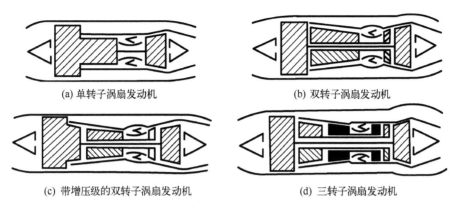

| (a) 单转子涡扇发动机 | (b) 双转子涡扇发动机 |
| (c) 带增压级的双转子涡扇发动机 | (d) 三转子涡扇发动机 |

图 4-4　涡扇发动机按转子数目的分类

破了声障、热障,并直逼 3 倍声速。涡喷发动机在实现飞机高空高速方面的确是一枝独秀。涡喷发动机还扩展应用到民航或其他领域。苏联的图-104 旅客机装了 2 台 AM-3 涡喷发动机,其巡航速度达到 850km/h,最高速度可达 1000km/h,1957 年 8 月 14 日,从莫斯科到纽约 9000km 的距离 13h 就飞到了。稍后几年问世的英、法两国合作研制的"协和"号超声速客机采用 4 台奥林帕斯 593 加力式涡喷发动机,其巡航速度达 2150km/h,从伦敦到纽约只需 3 个多小时。1975 年 9 月 1 日,"协和"号客机曾经在一天内 4 次飞越大西洋,这在航空史上是空前的飞行纪录。

　　上述飞机有的在高亚声速工作,有的则在超声速下工作,涡喷发动机都能胜任。不过它们都有着共同的缺点:一是耗油率高,"协和"号在超声速巡航时,每秒要烧掉 25kg 的燃油,旅客横渡一次大西洋大约要烧掉体重 20 倍的燃油,票价也为一般机票的 4~5 倍;二是噪声大,即使不用加力起飞也达 120dB,远远超过美国联邦航空局(FAA)的规定值——108dB,图-104 也是如此。这些飞机无法推向国际市场,只能留给本国航空公司用。耗油率和噪声,尤其是燃油消耗,这是民用运输的第一要素,怎样解决这个问题呢?于是,航空工程师们在探索前进道路时想到了涡轮风扇发动机。

4.2.2　快速发展

　　早在 1936 年惠特尔就提出过涡扇发动机的方案,代号为 LR1,并取得了设计专利权。第二次世界大战期间德国研制过的多种涡轮发动机中也有这种方案,只是限于当时技术水平,以致终无成果。第二次世界大战结束后的最初几年里,美国、英国、苏联和法国研制的涡喷、涡桨型号不下几十种,但只有英国罗·罗公司发展了一种涡扇发动机,其方案代号为 RB80。1947 年 4 月开始台架试车,1950 年 1 月推力达 4120daN 设计指标,到了 1952 年正式定名为康维内外涵发动机,又经过 5 年的努力直到 1957 年 7 月才完成定型试验,进入批量生产。这是世界上第一台涡扇发动机,其推力为 5730daN(后来的康维 RC0.10 型的推力提高到 7340daN)。它的主要特点是 7 级风扇后的气流分成为两股:一股进入内涵高压压气机,再进入燃烧室,然后驱动涡轮;另一股通过风扇经分流机匣进入外涵道,沿着环形通道流到喷管中,与内涵气流会合后一起排出机外产生推力。

　　表 4-1 列出了同时代的外形尺寸及质量大体相同的两型涡喷发动机数据与康维涡扇发动机的参数比较。可以看出涡扇发动机耗油率明显低 10%~12%,这种性能一直保

持到飞行速度 600~700km/h,因此非常适合于高亚声速飞行的飞机。其噪声水平比涡喷发动机低 8~10dB。由于高温部分(内涵)被外涵冷空气所包围,故不易失火,提高了使用安全性。

表 4-1 康维涡轮风扇发动机与涡喷发动机性能对比

发动机	最大直径 /mm	长度 /m	质量 /kg	增 压 比	推力 /daN	耗油率 /(kg/(daN·h))
英国康维 RC0.10	1070	3.35	1500	10	7335	0.70
英国埃汶 RA29	1070	3.17	1320	10	4665	0.78
美国 J57-P-13	1060	4.0	1900	12.5	5782	0.80

康维发动机在民航业博得一片赞扬,尤其是在波音 707 和 DC-8 上显示出良好的经济效益,很快就被多种军民用飞机选中。为了占领涡扇发动机这个领域,美国政府指令普·惠公司和 GE 公司立即研制涡扇发动机。普·惠公司首先想到了一个方案,这就是对 J57 发动机的民用型 JT3C-7 进行改装。其办法是"穿靴戴帽",即保持原有的高压系统不变,把低压轴前伸,在低压压气机前加二级风扇;同时把低压涡轮轴后延,在原低压涡轮后增加 2 级,由 1 级增至 3 级。这样就把总空气流量由 85kg/s 加大到 204kg/s,涵道比为 1.4,起飞推力从 5782daN 增大到 8007daN。1957 年初,该发动机方案定名为 JT3D-1,1958 年 2 月完成设计,1959 年 7 月试车成功,同年 7 月首飞,装在波音 707 上非常顺利。与原准机 JT3C-7 相比,起飞推力提高了 1/3,巡航耗油率降低 13%,噪声减少 10dB。JT3D 的许多改型用于波音 707 和 DC-8 飞机上。表 4-2 列出了波音 707 换装 JT3D 后飞机性能的改进情况。GE 公司采取的是另一套办法,它没有现成的双转子发动机,因此,采用在 J79 单转子涡喷发动机上"移花接木"的办法进行改造。具体办法是拆去原发动机涡轮后的扩散器和加力喷管,换一个低压涡轮,在该涡轮叶片的外圈再安装一圈风扇叶片,低压涡轮直接带着风扇叶片转动,由此构成有内外涵道的涡轮后风扇发动机,其编号为 CJ805-21。该型发动机进展也很顺利。CJ805-21 涵道比为 1.56,在马赫数为 0.8~0.9 巡航时,比原准机 J79 推力增加 35%,耗油率下降 8%~12%,噪声也下降将近 10dB。这样美国从 20 世纪 60 年代起终于有了自己的涡扇发动机。

表 4-2 波音 707 换装 JT3D 后飞机性能的改进情况

起飞滑跑距离减小	29.4%
最大航程增加	27.6%
爬升率增加	110%
最大巡航速度提高	8.2%

苏联涡扇发动机的研制在卫国战争爆发前夕即已开始,故在民用涡扇发动机的研制时间上虽然比英国要晚,但比美国要早些,而且一开始就为民航机设计涡扇发动机。例如,装在图-124 民航机上的 D-20P 是 1955 年设计的,1960 年投入批生产;用于图-154 和伊尔-76 的 NK-8 也于 1967 年投入使用。

以上这些涡扇发动机都是 20 世纪 50 年代研制 60 年代投入市场的民用发动机,算作第一代产品。后来,英国在康维涡扇发动机的基础上研制过梅特威涡扇发动机,然后研制出"斯贝"发动机。"斯贝"是先搞民用型(装在"三叉戟"客机上),后又发展成带加力的军用"斯贝"MK202加力式涡扇发动机,它装在英国的F-4K和F-4M战斗机上。美国在1958年开始专门研制民用涡扇发动机JTF10A,又在JTF10A基础上首次研制出军用的TF30-P-1型加力式涡扇发动机,装在F-111A上。后来改进的TF30-P-412装在F-14A舰载战斗机上,非加力型装在A-7舰载攻击机上。"斯贝"和TF30的涵道比都属中等,分别为0.62和0.9。这两型发动机在服役中显示的特点是综合性能好,特别在航程和中低空性能方面有良好表现,但是与增压比及推力等级相同的涡喷发动机相比,其加力耗油率较高。在发动机的推重比上,当时的涡扇发动机并不占优势,大体在5~6的水平。

第二次世界大战结束后15~20年,世界各国经济有了很大发展,客货运量剧增,迫切需要发展大型和超大型的洲际或越洋民航机。这就需要发动机推力达10000~20000daN级,耗油率降低一半,噪声和污染指标达到有关适航当局的标准。20世纪70年代初又出现了能源危机,石油价格猛涨,因此,降低民用发动机的耗油率成了当务之急。

降低耗油率的办法有两个:一是提高热效率,这就是提高压气机的总增压比、涡轮前燃气温度和各部件的效率;二是提高推进效率,这就要降低排气速度,提高涵道比是一个有效的办法。归纳起来就是通过"三高",即高增压比、高涡轮前燃气温度和高涵道比,来实现"一低",即低耗油率。经过艰苦的努力,各大发动机厂家陆续推出了一批高涵道比涡扇发动机,其中推力在20000daN级的有GE公司的CF6,普·惠公司的JT9D、罗·罗公司的RB211和苏联的D-18T;推力在10000~12000daN级的有国际合作研制的V2500和CFM56。"三高"技术的突破,也使军用涡扇发动机获得同步发展。战斗机采用的都是中低涵道比的涡扇发动机,即所谓的第三代加力式涡扇发动机。这类发动机除了高增压比和高涡轮前温度外,其涵道比只有0.6~1.0,且带加力燃烧室,代表机种有美国的F100、F110和F404,英国、德国、意大利三国合作研制的RB199,法国的M53,苏联的AL-31F和RD-33等。于是20世纪80年代以来,军民用发动机市场大多被涡扇发动机占领了。

4.2.3 中国的涡扇发动机

早在20世纪60年代初,中国就开始了涡扇发动机的研制。第一个型号是涡扇5,这是一台在涡喷6发动机的基础上改型设计的涡轮后风扇发动机。涡喷6本是装在歼6上的单转子发动机,改型时去掉加力燃烧室和可调喷管,在涡轮后加了一级自由涡轮,由它带动一个单级风扇,与美国CJ805-21的结构类似。

它的主要技术数据如下:

起飞推力　　　3528daN;

起飞耗油率　　0.66kg(daN·h);

涵道比　　　　1.6。

该发动机共制造了11台供试验用,完全达到设计指标,与原涡喷6的中间状态推力相比,推力增加35%,而耗油率则降低了30%。由于原定任务改变,涡扇5中止研制。

61

1965 年起中国又开始自行设计涡扇 6 加力式涡扇发动机,其技术指标如下:

最大推力   12210daN;

最大耗油率 2.215kg/(daN·h);

中间推力   7125daN;

中间耗油率 0.66kg/(daN·h);

涵道比   1.0;

涡轮前温度 1077℃;

空气流量   155kg/s;

推重比   6.0。

在涡扇 6 试制中,共制造了 10 台验证机,零部件累计试验达 30000 多小时,整机试验 300 多小时,连续 3 次通过 24h 飞行前规定试验,性能完全达到了设计指标,标志着我国在航空发动机设计领域已经取得了突破性进展,为我国航空发动机由仿制到自行研制转变打下了基础。但遗憾的是,由于飞机研制计划终止,使涡扇 6 发动机的研制被迫停止。

1975 年,我国购买英国"斯贝"MK202 加力式涡扇发动机的专利许可权,1980 年制造成功。该发动机的中国编号为涡扇 9,如图 4-5 所示,最大推力为 9126daN,后来装备在"飞豹"战斗轰炸机上。

图 4-5 涡扇 9 发动机

2002 年又研制成功小型涡扇发动机涡扇 11,推力为 1470daN,计划用于高级教练机。

2005 年 12 月 28 日,中国沈阳航空发动机设计研究所设计的"太行"涡扇发动机(图 4-6)通过国家设计定型审查。"太行"发动机是我国自主研制的第一种大推力加力式涡扇发动机。"太行"发动机的研制成功使我国自主研制的航空发动机实现了从中等推力到大推力、从涡喷发动机到涡扇发动机、从第二代发动机到第三代发动机的历史性跨越。

图 4-6 "太行"发动机

4.3 战斗机用涡扇发动机

涡扇发动机具有起飞推力大,巡航油耗低,加力比大等特点,采用小涵道比参数以减小发动机直径,使涡扇发动机非常适合作为战斗机动力装置。

4.3.1 第二代战斗机

英国罗·罗公司于1964年在"三叉戟"客机的民用型"斯贝"涡轮风扇发动机的基础上发展了军用型"斯贝"MK202(民用型"斯贝"发动机的涵道比为1.0,改型后军用"斯贝"MK202的涵道比为0.62),用它换装了J79涡轮喷气发动机的F-4"鬼怪"式战斗机于1968年投入使用。

表4-3列出了F-4"鬼怪"式战斗机由涡轮喷气发动机换装"斯贝"MK202涡轮风扇发动机后性能的改善情况,它充分显示了战斗机采用涡轮风扇发动机所带来的好处。F-4换装涡轮风扇发动机后性能的提高,主要是"斯贝"MK202涡轮风扇发动机比原装的J79涡轮喷气发动机性能有了较大的改善:推力提高了30%,巡航耗油率降低20%,推重比由4.7提高至5.03。此外发动机进口直径还由0.992m减小至0.826m,发动机长度也由5.301m缩短至5.205m。

表4-3 F-4换装MK202后性能改进情况

飞机最大飞行马赫数	由2.2提升至2.4
最大航程	增加54%
加速到马赫数2时间	减小1/3
爬升至12000m高度时间	减少20%

当时罗·罗公司还与美国艾利逊公司合作,将民用"斯贝"改型为TF41不带加力燃烧室的军用涡轮风扇发动机(涵道比为0.74),装于美国A-7D"海盗"亚声速攻击机上(1968年)。普·惠公司也将民用JTF10A发动机改型为军用加力式涡扇发动机TF30,用于F-111(1966年)、A-7A(1966年)、F-14(1972年)等飞机上。

4.3.2 第三代战斗机

20世纪60年代曾在民用涡轮风扇发动机的基础上,发展了几种用于战斗机的加力式或不带加力燃烧室的低涵道比涡轮风扇发动机,它们的推重比在5.0左右,显然,这种发动机满足不了当时美国空军提出的具有高机动性能的"新一代"(即第三代)战斗机,即空中优势战斗机的需求。根据分析,要使"新一代"战斗机具有高机动性,必须要求战斗机的起飞推重比(即发动机推力/战斗机起飞重量)大于1.0,即发动机的推力要大于飞机起飞总重,而在此前战斗机的推重比均低于1.0,一般为0.7~0.9。为满足新型战斗机推重比大于1.0的要求,除在飞机结构上以及各种机载设备上,尽量采用各种新材料、新技术以降低重量外,最为关键的是要求战斗机要采用推重比为8.0一级的加力式涡轮风扇发动机。

要将加力式涡轮风扇发动机的推重比从5.0提高到8.0,绝非一件容易的事情。首先,需要提高发动机的循环参数:即总增压比与涡轮前燃气温度。总增压比要从20世纪60年代中期(以"斯贝"MK202为代表)的20提高到25左右,涡轮前燃气温度要由1167℃提高到1400℃左右。其次,也是最为重要的,必须采用当时最先进的技术、科学研究与工业生产中的最新成果,例如:最新的气动和结构设计技术;先进的应力分析方法,新研制的高性能非金属与金属材料,特别是能耐更高温度的高温合金。应用新技术的先进制造方法:更高效的冷却技术;反应快、精度高的电子控制系统等。

提高循环参数必须在广泛采用新技术的基础上才能实现。例如,将总增压比由20提高到25时,如果没有当时发展的新的气动设计方法与新的调节系统,而仍然采用20世纪60年代前的设计方法,风扇和高压压气机的总级数将达到20级,比"斯贝"MK202的还要多3级;但是在采用了新的设计与调节方法后,新一代发动机风扇和高压压气机的总级数仅为13级,比"斯贝"MK202的少了4级。级数减少了,不仅简化了结构,而且大大降低了发动机重量,为提高发动机推重比做出了重大贡献。

同样,提高涡轮前燃气温度是提高发动机推力的有效措施。据分析,如果在发动机其他参数不变的条件下,涡轮前燃气温度每提高50℃,发动机推力可增加7%~8%。但是,涡轮前燃气温度的提高,只能是在发展了新的、能耐更高温度的涡轮叶片材料以及新的、更高效的冷却技术后才能实现。很显然,在发展推重比为8.0一级涡扇发动机时,将涡轮前燃气温度由1167℃提高到1400℃,几乎提高了250℃,如果没有广泛的新技术的支持,是绝对做不到的。

20世纪70年代初,美国首先研制成功推重比为8.0一级的加力式涡轮风扇发动机F100-PW-100(图4-7),1974年11月装有2台F100-PW-100发动机的F-15战斗机开始装备美国空军投入服役,这是航空发动机研制上取得的历史性重大突破,促使战斗机迈入"第三代"的新阶段。

由于F-15的推重比大于1.0,飞机加力起飞后即可用90°仰角垂直上升,创造了以

2min41s 的时间爬升到 25km 高度的世界纪录。

自 1974 年美国的 F100 发动机装备 F-15 服役后，几个航空大国又先后发展了几种推重比为 8.0 一级的涡扇发动机。例如，美国继 F100 之后将用于 B-1 轰炸机的 F101 涡扇发动机改进发展成为战斗机用的 F110 加力式涡轮风扇发动机（图 4-8），相继用于 F-16、F-15 上，形成这两型飞机可在两型发动机中任选一种带竞争的采购政策；美国还为海军全新研制了 F404 加力式涡轮风扇发动机；欧洲三国（英国、意大利、德国）研制了 RB-199 三转子加力式涡轮风扇发动机；苏联也研制出先进加力式涡轮风扇发动机 RD-33、AЛ-31Φ 等。

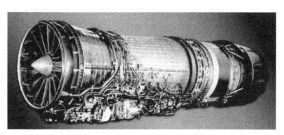

图 4-7　F100 发动机　　　　　　图 4-8　F110 加力式涡轮风扇发动机

正是由于有了这些推重比为 8.0 一级的加力式涡轮风扇发动机，在 1974—1984 年的 10 年内，各国相继研制出众多的新一代先进战斗机。它们有美国空军用的 F-16（1978 年）、海军用的 F/A-18（1980 年），欧洲的"狂风"（1980 年），苏联的"米格"-29（1983 年）、苏-27（1984 年）等。

从 1974 年到 20 世纪初的近 30 年时间里，F-15、F-16、F/A-18、苏-27、"米格"-29 和"幻影"-2000 等，一直是现役战斗机中的主力和佼佼者，而且还在不断改进改型、系列发展。在伊拉克战争、海湾战争和科索沃战争中，F-15、F-16、F/A-18 等均参与作战。

4.3.3　第四代战斗机

第四代战斗机是美、苏冷战对抗时期开始研制的，原计划 20 世纪 90 年代中期装备部队。自苏联和华沙条约解体后，是否还需要继续发展，在美国和西欧开展了一场大辩论。许多国会议员提出，将 F-15、F-16 进行现代化改装后，就可以达到应付未来"地区冲突"的要求。在此影响下，德国曾一度退出欧洲战斗机 EF2000 发展计划。但辩论的结果认为 F-15、F-16 改装后，不能跨越"代"的鸿沟。为了满足"全球到达、全球力量"的战略目标，发展第四代战斗机是必需的。这场辩论使第四代战斗机的装备时间推迟了 10 年左右的时间。

第四代战斗机具有隐身、过失速机动、不加力超声速巡航、超视距多目标攻击和装备更先进的航空电子与武器系统等许多特点，较之第三代战斗机具有全面优势。据报道，F-22 战斗机与 F-15 相比，其综合作战效能提高近 10 倍，每飞行小时的维修工时降低约 70%。

为实现第四代战斗机的超声速巡航能力、超机动能力、隐身能力、短距起降能力，并保证第四代战斗机具有良好的可靠性和可维护性，以及较低的全寿命费用，第四代战斗机对其动力装置提出了特殊要求。归纳起来，第四代战斗机发动机应突出五"性"三"能力"。

五"性"是指技术先进性,推重比为 10 一级,单位推力大;简单性,全机结构零件数目少;牢固性,结实,抗撞击能力体现在设计始终;耐久性,从零件到整机的设计都充分考虑可靠性和长使用寿命,全寿命费用低;可维护性,减少必需的维护次数、维护工具、维护人时,并提高维护方便性。三"能力"是指超声速巡航能力、矢量推力能力和隐身能力。

4.3.3.1 发动机的主要新技术

第四代战斗机发动机如美国的 F119、欧洲四国的 EJ200、法国的 M88-2 以及俄罗斯的 АЛ-41Ф,与第三代战斗机发动机如 F100、RB199、M53、АЛ-31Ф 相比,具有巨大的技术优势。第四代战斗机发动机的出现是航空发动机科学家和工程师们在第三代战斗机发动机的基础上经过 20 年不懈努力研究的结果。第四代战斗机发动机采用了一系列先进的设计制造技术,如三维设计、数字仿真等设计技术,超级焊接、激光制造和 5 坐标数控加工等制造技术。当然,所采用的这些新技术都经过了充分的验证。表 4-4 列出了在转子结构、轴承布局、先进材料和冷却、做功能力强的单级涡轮、带整体叶盘的低展弦比压缩系统,先进的全权限数字电子控制和低可探测性等关键技术领域。第四代战斗机发动机目前已采用和未来发展型上可能采用的 80 项新技术。其中部分技术已转移到第三代战斗机发展型发动机上。

表 4-4　第四代战斗机发动机的 80 项新技术

		目前已经采用的技术		未来发展型可能采用的技术
压气机系统	1	非定常、有黏全三维设计	44	整体叶环技术
	2	可调外涵道	45	吸附式技术
	3	高级负荷 6 级压气机	46	先进中等展弦比风扇
	4	低展弦比叶片设计	47	前掠转子叶片
	5	采用空心叶片	48	由核心机带动的末级风扇
	6	整体叶盘结构	49	变循环技术
	7	高级负荷设计	50	压气机稳定性主动控制
	8	无风扇进口导叶	51	串列风扇转子技术
	9	刷式封严	52	减轻高周疲劳的失谐技术
	10	风扇机匣采用整环设计	53	压气机采用外置环转子结构
	11	压气机后机匣为双层结构		
	12	采用概率设计方法		
	13	采用大喘振裕度设计技术		
燃烧系统	14	两相三维数值计算和模拟技术	54	Lamilloy®"柔性"火焰筒设计
	15	空气雾化喷嘴	55	驻涡燃烧室技术
	16	瓦片式双层壁或多孔冷却火焰筒	56	冲击气膜浮动壁燃烧室
	17	高效低阻加力火焰稳定器	57	高油气比燃烧室技术
	18	短环浮动壁燃烧室	58	涡流控制的扩压器
	19	强化径向燃烧加力燃烧室	59	平衡推力性能和低可观测性的先进加力方案
	20	采用陶瓷涂层技术		
	21	加力燃烧室采用整体式设计		

	目前已经采用的技术		未来发展型可能采用的技术
涡轮	22	有黏全三维跨声速先进气动设计	60	无导叶低压涡轮
	23	超冷叶片冷却技术	61	瓦片式涡轮叶型设计
	24	刷式封严和主动间隙控制技术	62	低压涡轮盘采用轻重量叶片固定法
	25	对转涡轮技术	63	可变面积涡轮
	26	高效、高强度的热障涂层技术	64	焊接的双幅板涡轮盘
	27	叶尖耐磨涂层	65	超冷和铸冷涡轮叶片及导向器
	28	导叶复合倾斜,端弯等先进叶型	66	低压涡轮叶片采用低导热热障涂层和陶瓷研磨密封涂层
	29	高压涡轮工作叶片不带冠		
喷管	30	采用矢量喷管设计技术	67	固定面积射流矢量喷管技术
	31	多模式可调收—扩喷管	68	球面收敛调节片喷管
	32	内特性计算、冷却密封、矢量控制		
新材料、新工艺	33	涡轮叶片采用第三代单晶材料	69	激光冲击硬化处理技术
	34	涡轮盘采用双特性热处理	70	采用 MA754 材料制造的火焰筒
	35	外涵机匣采用树脂基复合材料	71	采用有机基复合材料制造通道
	36	静止部件采用高强度阻燃钛合金	72	采用聚合物基复合材料(PMC)制造风扇工作叶片和机匣
	37	采用粉末冶金盘		
	38	静止部件采用 TiAl 材料	73	大量采用金属基复合材料(MMC)制造多种转动/静止部件
	39	陶瓷基复合材料和 C–C 复合材料		
	40	采用全单元体结构		
其他	41	双余度全权限数字电子控制	74	先进建模与仿真和阻尼技术
	42	发动机故障诊断和处理技术	75	采用新型润滑油,如 M1I^PRF-7808L4
	43	根据推进系统体化来实现发动机最佳工作参数的调节技术	76	带氮化硅滚柱元件的混合轴承
			77	采用陶瓷元件的高性能混合轴承
			78	油雾润滑的连续旋转辅助轴承
			79	薄膜磨面密封件
			80	磁性轴承/整体起动机/发电机一体化

第四代战斗机发动机采用了非定常有黏全三维设计计算方法、高级负荷设计、两相三维数值计算和模拟技术、有黏全三维跨声速先进气动设计方法,结合空心叶片、刷式封严、间隙主动控制、先进复合材料、前掠转子叶片、浮动壁燃烧室等大量新技术,使其具有很高的性能,保证了高推重比要求,借助于整体叶盘结构、无风扇进口导叶、整体设计、全单元体结构等技术,使发动机具有结构简单、维护方便等特点;通过采用低展弦比叶片设计、压气机后机匣具有双层结构,减轻高周疲劳的失谐技术、激光冲击硬化处理等技术,保证了发动机的牢固性;而双层壁瓦片式火焰筒结构、先进热障涂层和冷却技术,新一代单晶涡轮叶片粉末冶金盘、高强度复合材料等的使用则体现了耐久性的设计思想。同时,先进燃烧技术、先进排气技术的使用使发动机具有低的可探测性特点。而通过各种先进技术的综合利用,使第四代战斗机发动机具备了超声速巡航能力。

由于大量新技术的采用,因此第四代战斗机发动机的设计具有热端部件耐高温能力强、部件重量轻、燃油效能高等特点。同时,使发动机结构更简单,总级数只有 10~12 级;而第三代战斗机发动机有 16~17 级,总零件数大大减少,如 F119 的总零件数比 F100 减少了 40%,EJ200 仅叶片数就比 RB199 少 1045 个。

4.3.3.2 发动机的主要特点

1. 性能特点

与第三代战斗机发动机相比,第四代战斗机发动机的涵道比较小,为 0.2~0.4;总增压比稍有提高,为 26~35;涡轮进口温度为 1850~2000K;3 级风扇的增压比也有所增加,达到 4.0 左右;推重比明显增大,达到 9.0~12;耗油率降低了 8%~10%;可靠性提高了 1 倍;耐久性提高了 2 倍。

2. 结构特点

第四代战斗机发动机的风扇为 2~3 级;高压压气机为 5~6 级;燃烧室多为短环形燃烧室;高压涡轮均为单级;低压涡轮为 1~2 级;加力燃烧室多为内外涵燃烧、结构一体化的短加力燃烧室;喷管采用多种形式,如采用二元推力矢量喷管、轴对称收敛扩散喷管、二元收敛扩散喷管等。

4.3.3.3 第四代战斗机发动机的研制与发展

为了满足第四代战斗机的超声速巡航、过失速机动、隐身性能、短距起飞垂直着陆、低寿命期费用和高可靠性等要求,20 世纪 80 年代末到 90 年代初,西方国家设计并研制了高推重比、低耗油率、无约束操纵能力、高可靠性、较长寿命和较低费用的 F119、F135、F136、117S 等第四代战斗机发动机。

1. F119 发动机

F119 发动机由 3 级风扇、6 级压气机、环形浮动壁燃烧室、单级高低压涡轮、加力燃烧室和二元推力矢量喷管构成(图 4-9),是为满足美国先进战术战斗机(ATF)F-22 战斗机的超声速巡航能力、良好的隐身能力、高的亚声速和超声速机动能力、良好的敏捷性、远的航程和短距起落能力、高的可靠性、好的可维修性、强的生存力、低的全寿命期费用而研制的。在性能方面,该发动机具有高推重比、小涵道比、高总压比、高涡轮进口温度等特点(表 4-5)。

表 4-5 F119 与 F100 发动机参数比较

发动机	最大推力 /kN	中间推力 /kN	推重比	叶片级数	总压比	涵道比	零件数
F100	105.9	65.2	8	17	25	0.6	基准
F119	155.7	105	10	11	35	0.3	-40%
比较	47%	61%	25%	-35%	40%	-50%	-40%

20 世纪 90 年代末,PW 公司又将在 IHPTET 计划下验证的复合材料风扇静子、超冷涡轮叶片、先进密封和先进的控制器等成熟技术应用到 F119 发动机上,使 F119 发动机的耗油率降低了 2%~3%,推力增大了 10%,并明显降低了寿命周期费用;同时也衍生发展了 F135 发动机。

图 4-9　F119 发动机

2. F135 发动机

F135 推进系统包括主推进系统和通用推进系统部件,前者由 PW 公司研制,后者由罗·罗公司研制。其中主推进系统是以 F119 发动机为基础研制的先进涡扇发动机,具有推重比高、涵道比小、增压比高、涡轮进口温度高、耐久性高、可维护性和保障性好等特点。通用推进系统部件包括轴驱动的升力风扇、3 轴承偏转喷管和滚转控制喷管等,如图 4-10 所示。

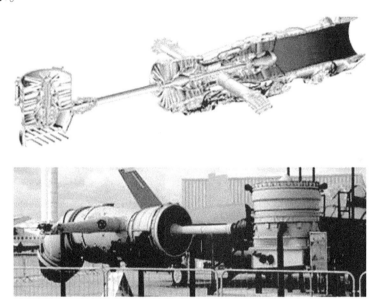

图 4-10　F135 发动机

主要结构特点包括:

(1) 3 级风扇以 F119 发动机的为基础,风扇转子采用超中等展弦比、前掠叶片、线性摩擦焊的整体叶盘和振动失谐技术;风扇截面面积增加了 10%~20%,以驱动轴驱动升力风扇系统。

(2) 6 级压气机与 F119 发动机的基本相同。

(3) 燃烧室在 F119 发动机的基础上,采用了高燃油空气比燃烧技术,在提供小的分布因子和所要求的径向剖面的同时,达到了设计目标。

(4) 高、低压涡轮与 F119 发动机的一样采用对转结构;叶片采用 CFD 设计,"超冷"结构;低压涡轮增加到 2 级,以适应增大的风扇。

（5）加力燃烧室在 F119 发动机的基础上，采用先进的建模和加工技术平衡了推力性能和隐身性。

（6）喷管由二元俯仰矢量喷管改为轴对称喷管。

（7）控制系统采用更先进的双余度全功能数字式发动机控制系统（FADEC）。

（8）升力风扇（SDLF）由集成在一个装置上的风扇、D 形喷管、联轴器、所有做动装置和服务系统组成，由 PW 公司的 JSF119-SE611 发动机的 2 级低压涡轮驱动。

（9）3 轴承偏转喷管（3BSN）由 RR 公司模仿 Yak-141 STOVL 型发动机研制。该喷管可使发动机的排气从水平偏转到垂直甚至向前，可以使推力从水平方向偏转到垂直向后。

（10）滚转控制喷管位于发动机的两边，利用来自发动机风扇的空气提供推力。

（11）在控制杆端的喷管差动地打开和关闭，实现滚转控制；通过偏转喷管偏航实现偏航控制；通过升力风扇和发动机推力分离器实现俯仰控制。

3. F136 发动机

F136 发动机是美国通用电气公司与英国罗·罗公司联合研制的，是在 YF120-GE-100 发动机的基础上为 JSF 计划研制的新一代发动机。

F136 发动机是美国联合攻击战斗机 F-35 的备选发动机。它包括 3 种型别，即配装 F-35A 常规起落型（CTOL）的 F136-GE-100 发动机，配装 F-35B 短距起飞垂直着陆型（STOVL）的 F136-GE-600 发动机，配装 F-35C 舰载短距起落型（CV）F136-GE-400 发动机。

F136 发动机是 F-35 战斗机的一大闪光点。它是一种智能型发动机，不但能提供"鹞"式发动机 1.9 倍的强大动力、178kN 的升力，而且维修方便；该发动机部件具有通用性特点，多数零部件都能在 20min 内更换完毕；产生废气少、着陆安全性更好；所配置的计算机管理系统可在故障发生前感受到故障，并且能自动补偿受损的电子部件，使发动机继续工作，当故障发生时，它会自动向指挥基地报告故障情况，以利于基地维修人员在飞机着陆后迅速抢修。

采用了许多美国国防部实施的综合高性能涡轮发动机技术（IHPTET）计划中的新技术，这些技术不仅提升了该发动机的技术水准，还促进了 GE 和罗·罗公司在研制该发动机中紧密合作。F136 发动机的主要部件技术如下：

（1）3 级风扇采用三维气动设计，其叶片采用线性摩擦焊技术连接的整体叶盘结构。第 1 级采用钛合金空心宽弦叶片，第 2、3 级采用钛合金实心叶片。

（2）5 级高压压气机均采用整体叶盘结构前 2 级采用钛合金制造，后 3 级采用钢制造。压气机采用三维气动设计，特点是转子叶片叶尖为前掠，静子叶片为弓形后掠。

（3）环形燃烧室内、外壁是采用 1 块多孔层板合金（Lamilioy）材料制成的单头结构。

（4）径向加力燃烧室是以 GEAE 公司 F110-GE-132 发动机的加力燃烧室为基础设计的。

（5）涡轮采用成对设计，去掉了位于最后 1 级高压涡轮和第 1 级低压涡轮之间的导向器叶片（由于导向器叶片通常需要最好的冷却方式，去掉导向器意味着简化冷却）。成对设计还能缩短发动机轴承之间的距离、增加刚性和提高涡轮性能。高压涡轮转子叶片采用新一代单晶材料制造，采用浇铸的"ICE"冷却方法，可使其使用温度在现有转子叶片的基础上提高10℃；第1级高压涡轮导向叶片采用多孔层板合金制造；涡轮盘用普通超级合金材料制造，为简化结构和减少零部件数，采用无螺栓挡板设计；低压涡轮与高压涡轮对转。

4. 117S发动机

117S发动机是俄罗斯"土星"公司设计的一种推力矢量涡轮风扇发动机，是АЛ-31系列发动机的推力—寿命改进型，属于第4代和第5代发动机之间的4++代发动机，如图4-11所示。它将配装苏-27SM2、出口型苏-35、出口中国的苏-30MKK/MK2和出口印度的苏-30MKI等战斗机。

117S发动机第一次公开展示是在2005年8月举办的莫斯科"MAKS-2005"航展上。在该航展上"土星"公司与苏霍依公司和乌法公司共同签订了研制和批生产117S发动机的合同。

117S发动机基本保持了АЛ-31系列发动机的外廓尺寸和质量，但更新了80%的零件，其中包括风扇、低压压气机、高压压气机、燃烧室、涡轮、尾喷管等。从结构上来说，这可谓是一台全新的发动机。其具体结构为：风扇4级，19片叶片分布密度较小，进口直径从原来的905mm增加到932mm；低压压气机空气流量增加，静子采用对开机匣，转子采用焊接式结构；高压压气机使用粉末材料，共9级；燃烧室使用新材料；涡轮进口温度为1755K，提高了涡轮效率、延长了涡轮寿命；配备进口传感器和附件；采用数字式自动控制系统，具有深度故障诊断功能；采用推力矢量喷管。

图4-11 117S发动机

与АЛ-31Ф发动机相比，117S发动机的推力增大了16%（增加19.60kN），达到142.10kN；寿命延长到4000h，大修间隔也从原来的500h增加到1000h，大大降低了后勤保障压力。具体参数如表4-6所列。

表4-6 117S发动机参数

发动机	推力			最大空气流量/(kg/s)	规定寿命/h	首翻期寿命/h	大修间隔/h
	（战斗）慢车状态	（战斗）全加力状态	特殊状态				
АЛ-31Ф	76.44	122.50		113	1500	500	500
117S	88.24	137.20	142.10	122	4000	1000	1000

就几何参数和在飞机上的安装位置而言，117S发动机与АЛ-31系列发动机相当，这使俄罗斯空军以及使用苏-27/苏-30歼击机的其他国家，在对苏-27/苏-30进行现代化改造时，不必对发动机短舱进行大的改动，就可以将АЛ-31发动机换装成117S发动机。

2010年1月29日,配装了117S发动机的第5代战斗机PAKFA的原型机T-50在俄罗斯远东地区的阿穆尔共青城航空生产联合体机场起飞。117S发动机研制过程中开发的新工艺和新技术将用于第5代歼击机动力装置的研制,这就决定了117S发动机在俄罗斯发动机发展史中起到承上启下的作用。

4.4　客机、运输机用涡扇发动机

推进技术是影响亚声速运输机经济性最主要的因素。过去半个世纪中,喷气民航机的每座千米耗油量下降了60%,其中3/4是发动机的贡献。民用高涵道比涡轮风扇发动机(图4-12)由于不断提高涡轮前温度、总增压比、涵道比,改进风扇和短舱性能,降低噪声和污染,改善可靠性,而成为世界民用运输机的最主要动力形式。运输机发动机的主要性能指标——巡航耗油率已降低一半,噪声下降20dB,发动机最大推力已超过50000daN。

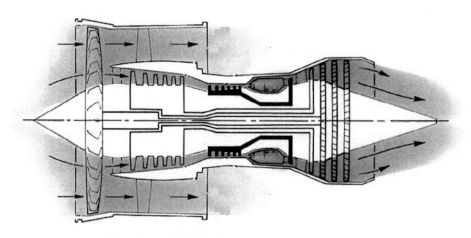

图4-12　民用高涵道比(三转子)涡扇发动机简图

在推力为20000daN以上的大发动机方面,自20世纪70年代初属于第三代的大涵道比涡扇发动机JT9D、CF6和RB211投入使用以来,开创了大型宽体喷气客机的新时代,其耗油率比第一代民用涡扇发动机降低20%。其间,美国NASA实施了发动机部件改进(ECI)计划和节能发动机(EEE)计划,目标分别是降低耗油率5%和12%。在80年代初这些计划完成时,其成果已用于一些发动机的改进改型和新型号研制。

20世纪90年代初,为满足双发远程宽体客机波音777的需要,普·惠公司、罗·罗公司和GE公司开始研制推力超过35000daN的PW4084、遄达800和GE90,前两种为改型,GE90为全新设计。这三种属于第四代的发动机于1995年先后装在波音777上投入使用。表4-7列出它们的主要参数,代表着使用中发动机的最高水平。它们的技术特点有:采用高的循环参数,即涵道比、总增压比和涡轮前燃气温度都较高;轻重量的宽弦无凸台风扇叶片设计,其中GE90采用全复合材料的风扇叶片;高效的全三维叶轮机气动设计技术;低污染的双环腔燃烧室;带主动间隙控制的高、中、低压涡轮;长寿命零件,如遄达发动机的冷端零件寿命达40000~70000h,热端达20000~40000h等。GE公司为适应波音777的发展型需要,已将GE90发动机的推力提高到50000daN以上。

表 4-7　用于波音 777 的三种发动机的主要参数

	GE90-B4	PW4084	遄达 884
起飞推力/daN	38920	37310	38480
巡航耗油率/(kg/(daN·h))	0.532	0.566	0.567
总增压比	39.3	34.2	39.88
涡轮前温度/℃	1430	1400	1413
涵道比	8.4	6.4	5.96

　　用于中型客机如波音 737 及 A320 等的 10000~20000daN 推力级的发动机有 CFM56、V2500、PW2037 和 RB211-535E,其中 CFM56 的发展最有代表性。自 1982 年投入使用以来,耗油率下降 20%,氮氧化物的排放下降 45%,机上寿命从初始的 4000h 延长到 20000h 左右,空中停车率为每 1000 发动机飞行小时 0.002~0.005 次,总产量已超过 15000 台。

　　2000 年前后,一些航空先进国家和公司开始实施的民用发动机技术发展计划(表 4-8),如美国 NASA 的极高效发动机技术(UEET)计划、欧洲的先进高效环保型发动机(EEFAE)和低噪声研究(SILENCE(R))计划以及 CFM 国际公司的 TECH56 和 LEAP56 计划。它们的目标是:耗油率下降 8%~20%,噪声下降 6~20dB,NO_X 污染物排放减少 40%~80%,运行成本降低 15%~30%。利用这些技术计划的成果将研制出性能为第五代的发动机,从这些计划的目标就可以看出第五代发动机的大致技术水平。

表 4-8　民用发动机研究计划改善目标(相对于 20 世纪 90 年代水平)

	EEFAE	ANTLE	CLEAN	SILENCE(R)	UEET	TECH56	LEAP56
耗油率	12%~20%	12%	20%		8%~15%	4%~8%	10%
CO_2	12%~20%	12%	20%		15%	4%~8%	10%
NO_X	80%	60%	80%		70%	40%~50%	
噪声				6dB		20dB	
拥有成本	30%	20%	30%			15%~20%	25%
研制周期	50%	30%	50%				
可靠性	60%	60%	60%				
经费	1.01 亿欧元	0.5 亿欧元	0.5 亿欧元	1.1 亿欧元	3 亿美元		
实施年份	2000—2015	2000—2005	2003—2015	2001—2005	1999—2005	1998—2004	2005—2010
应用年份	2008—2020	2008	2020	2008	2010—2015	2007	2012—2013

　　进入 21 世纪后,围绕 550 座级的超大型客机 A380 以及新一代 250~300 座级的 A350 和波音 787 宽体客机的动力,世界主要航空发动机制造商进行了新一轮高涵道比涡扇发动机的研制。对于 4 台发动机的 A380,罗·罗公司和发动机联盟(由 GE 公司和普·惠公司联合组成)分别推出遄达 900 和 GP7200 发动机;对于双发动机的 A350 和波音 787,罗·罗公司和 GE 公司分别推出遄达 1000 和 GEnx 发动机。其中,遄达 1000 的涵道比达到 11。它们的推力范围为 25000~35000daN。采用的新技术有全三维有黏叶轮机设计方

法、复合材料风扇叶片和机匣、第三代超塑性成形扩散连接钛合金风扇叶片、双环预旋流燃烧室、对转涡轮和智能发动机状态监控系统等。在性能改进方面以 GEnx 为例,耗油率将比它所取代的 CF6-80C 降低 15%,比 GE90-94B 降低 7%;机上平均寿命延长 30%;污染物排放降低 30%;零件数目减少 30%。上述发动机还只能算做第四代发动机的改进改型。

近来,围绕占民用发动机市场很大份额的 150 座级的波音 737 和 A320 窄体客机的换代,世界主要航空发动机制造商正在酝酿新一代的发动机。GE 公司和斯奈克玛公司合资的 CFM 国际公司将在成功的 CFM56 发动机基础上,通过实施 TECH56 和 LEAP56 技术发展计划推出后继发动机。普·惠公司与德国 MTU 公司等 5 家公司正联合执行技术发展计划,其中包括齿轮传动涡扇发动机方案。如果油价居高不下的话,罗·罗公司甚至考虑在 10000~15000daN 这个较小的推力档次上采用其特有的三转子方案。预计下一代窄体客机将在 2020 年投入使用,这一代发动机可以成为第五代发动机。

以罗·罗公司为例,在第五代发动机上可能采用的新技术有:

(1) 倾斜进气口。

(2) 全三维有黏 CFD 方法设计的弯掠风扇叶片。

(3) 具有新的内部结构的第三代轻重量超塑性成形/扩散连接空心风扇叶片。

(4) 三维气动设计高压压气机,共转子构形为 5 级,双转子构型为 9 级(不带增压级)。

(5) 压气机整体叶盘或叶环结构设计。

(6) 贫油预蒸发/预混分级低污染燃烧室。

(7) 内部分级燃油喷嘴。

(8) 瓦片式燃烧室结构。

(9) 可调面积中压涡轮。

(10) 不带冠高压涡轮叶片。

(11) 对转高压涡轮。

(12) 零件数目减少 25%。

(13) 锯齿形低噪声喷管。

(14) 刷式封严和高温碳封严。

(15) 分布式控制系统。

(16) 多电发动机。

(17) 低噪声设计(包括气动设计和消声衬垫)。

(18) 钛铝合金、金属基复合材料、陶瓷基复合材料和新的镍基合金等新材料。

(19) 高效的小核心机作为外场可更换件。

(20) 远程状态监视和故障诊断以及预测维修。

第5章 变循环发动机

变循环发动机(Variable Cycle Engine, VCE)是通过改变发动机一些部件的几何形状、尺寸或位置来改变其热力循环的燃气涡轮发动机。利用变循环改变发动机循环参数,如增压比、涡轮前温度、空气流量和涵道比,可以使发动机在各种飞行和工作状态下都具有良好的性能。在涡喷/涡扇发动机方面,VCE 研究的重点是改变涵道比,如发动机在爬升、加速和超声速飞行时涵道比减小,接近涡喷发动机的性能,以增大推力;在起飞和亚声速飞行时,加大涵道比,以涡扇发动机状态工作,降低耗油率和噪声。

5.1 理 论 基 础

在发动机设计中,了解用于评估推进系统性能的参数极为重要。发动机性能的两个主要参数是耗油率(SFC)和推力(F)。重量、红外信号、噪声、排气污染和成本也是重要参数。由下列耗油率公式可知:要得到低的耗油率,就必须有高的热效率和推进效率。

$$SFC = f\left(\frac{1}{\eta_t \times \eta_p}\right)$$

式中:η_t 为热效率;η_p 为推进效率。

高的热效率依靠高的循环增压比和温度。当排气速度降低到接近飞行速度时,推进效率提高。结果,单位推力下降。为保持一定的推力,就必须加大风扇直径,提高发动机空气流量,因而必须加大涵道比。

第二个重要参数是推力,在发动机尺寸一定时它受单位推力控制。在低马赫数下,低的单位推力是可以接受的,这时推进效率高,耗油率低。然而,随着马赫数的提高,高涵道比发动机产生推力的能力迅速降低,因此,需要较高单位推力的发动机。不同涵道比发动机的单位推力和耗油率随马赫数变化的趋势如图 5-1 和图 5-2 所示。所以,不同的飞行任务和包线需要不同的推进系统,以达到最高的效率和性能。

了解发动机性能参数之后,就可以进行发动机构型权衡和最终循环选择。权衡研究是通过改变独立循环参数进行的,如风扇增压比(FPR)、总增压比(OPR)、高压压气机排气温度(T_3)和高压涡轮前温度(T_4)。T_3 和 T_4,由材料和冷却技术水平决定。

各个循环的能力可以通过建立一个类似图 5-3 所示的矩阵来评估。图 5-3 示出各独立参数之间的关系,它使风扇增压比、压气机增压比和总增压比相关。请注意,图 5-3 是在 T_2 和 T_4 为常数的条件下画出的,水平轴说明总增压比是如何限制飞行马赫数的,总增压比又受 T_3 的限制。垂直轴为设计涵道比,涵道比又为压气机和风扇的增压比和飞行马赫数所确定。

正如前面讨论过的,要达到高的超声速,需要有高的单位推力,这就是说要有低的总增压比和低的涵道比。因而,设计点应在图 5-3 的右下方。

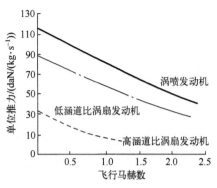

图 5-1　单位推力随马赫数变化

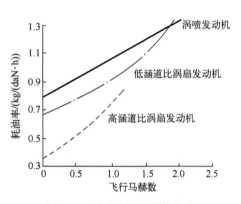

图 5-2　耗油率随马赫数变化

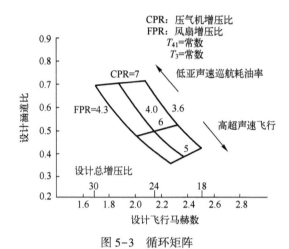

图 5-3　循环矩阵

　　为了在亚声速巡航时有低的耗油率,需要具有高的热效率和推进效率的低单位推力的发动机。因此,推进系统要有高的总增压比、高的涵道比和低的风扇增压比。于是,设计点应在图 5-3 的左上方。

　　总之,如果任务是持续高马赫数飞行,那么需要高单位推力设计。反之,任务强调低马赫数和长航程,那么低单位推力是必需的。当任务兼有超声速飞行和亚声速飞行或存在多设计点时,麻烦就出现了。为任务的某一部分设计的循环在飞行包线其他地方的性能就差。在燃油消耗几乎均分在超声速和亚声速飞行的混合任务中或多工作点是必需的情况下,VCE 显示出巨大的潜力。

5.2　历　史　回　顾

　　回顾 VCE 的发展过程,可以从对超声速飞行的研究历史开始。美国 NACA 从 20 世纪 30 年代中期就开始研究超声速飞行。1947 年 10 月 14 日,以火箭发动机为动力的 X-1 研究机实现了世界上首次超声速飞行。1948 年 4 月 25 日,美国 F-86 战斗机的原型机 YP-86A 装备带加力的涡喷发动机 J47 达到超声速,这是世界上首架超声速战斗机。带加力的涡喷发动机从广义上说,也可称为 VCE。1956 年 11 月 11 日和 1964 年 12 月 22 日,B-58 轰炸机和 SR-71 侦察机分别突破马赫数 2 和马赫数 3。它们都采用带加力的涡喷发动机。虽然这些飞机验证了超声速飞行的许多潜在优点,但它们的有效载荷或空中不加油航程有限。

在超声速飞行的可行性建立后,NASA开始把目光转向超声速巡航飞行(能在空中不加油进行持续超声速飞行的大载荷远程飞机)的技术难题。NACA/NASA的第二阶段超声速技术研究从NASA在1958年成立前不久开始,一直持续到1971年。在此期间,NASA在超声速技术方面的主要任务是支持研制美国的超声速巡航轰炸机B-70和民用超声速客机(U. S. SST)。1957年开始研制的B-70轰炸机,在两年后由于政府决定在美国的战略防御方面依靠洲际弹道导弹而基本上撤销了。U. S. SST从1963年开始到1971年,在涉及技术、环境、政治和社会问题的一片争论声中结束。

在U. S. SST计划结束时,已经有可能研制出推力为22300~26700daN的涡喷/涡扇发动机,如通用电气公司的GE4在1966年10月28日在试验台上达到23410daN的推力,1966年12月11日普·惠公司的JTFl7达到25370daN的推力,而在计划开始时发动机的推力一般只有13350daN。这主要归功于NASA刘易斯研究中心的高温涡轮和先进材料研究计划。在这个阶段,1968年12月31日和1969年3月2日,苏联研制的图-144和英、法联合研制的"协和"超声速客机(马赫数2.2)分别首飞成功,它们各自采用常规加力式涡扇和涡喷发动机。但由于经济、环境和社会等问题,前者只在国内进行了试运营;后者共制造16架,由英航和法航靠政府补贴在指定航线上进行象征性的商业运行,因亏损过多且发生坠机事故,终于在2003年停止运营。

在B-70和U. S. SST计划撤销和国外SST只取得有限成功之后,美国国内有些人认为超声速巡航的优点并不存在,另一些人则认为,优点是有的,但利用这些优点的方法还没有找到。后者的观点导致NASA超声速技术研究的第三阶段:1971—1981年重点技术研究,目标是解决妨碍超声速巡航飞行概念被普遍接受和得到实际应用所存在的技术问题。这项计划称为NASA的超声速巡航研究(SCR)计划。SCR计划的头3年,推进系统承包商找到了能够满足亚声速和超声速飞行相互矛盾要求的两种VCE,即通用电气公司的双涵道发动机(DBE)和普·惠公司的变流路控制发动机(VSCE)。为了将研究工作集中在这两种VCE上,在1976年制定了单独立项的超声速推进技术研究计划——VCE计划。NACA/NASA的超声速巡航技术研究计划如图5-4所示。

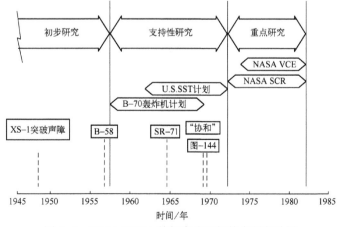

图5-4　NACA/NASA的超声速巡航技术研究计划

在 SCR 计划中最重要的推进系统发展当然是 VCE 和反速度场同心环喷管。到计划结束时,相对 1971 年的 GE4,经验证的 VCE 超声速巡航耗油率下降 10%,跨声速耗油率有类似的改善,亚声速的耗油率改善达 24%,而重量为 GE4 的 75%,如图 5-5 所示。经地面试验验证,在相同的单位推力和混合增压比条件下,外圈速度高而核心速度低的反速度场同心环喷管可使噪声下降约 8dB。

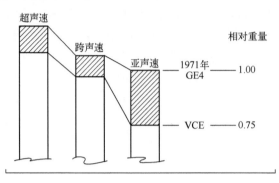

图 5-5　SCR/VCE 计划的推进系统改善

1985 年后,美国的 VCE 研究工作纳入 NASA 的高速推进研究(HSPR)计划,DBE 和 VSCE 两种方案继续得到发展。进入 20 世纪 90 年代后,美国、欧洲和日本又掀起研究超声速(马赫数 3)和高超声速客机推进系统的热潮。第二代超声速客机的要求是载客量、航程和人公里成本分别为"协和"的 2 倍、3 倍和 1/7,噪声和污染符合环保要求。道格拉斯公司的超声速客机方案的飞行马赫数为 3.2,选用普·惠公司的 VSCE,通用电气公司从 DBE 改型来的一种 VCE 作为备选。高超声速客机方案的飞行马赫数为 5.0,选用通用电气公司烧液态天然气的变循环涡轮—冲压发动机。

曾经在"协和"超声速客机动力奥林帕斯 593 上合作过的英国罗·罗公司和法国斯奈克玛公司又联合提出了串列风扇 VCE 方案。此方案可用于载客 250 人、马赫数 2.0~2.5、航程 9000km 的飞机,它在起飞和亚声速巡航时前风扇的排气管和后风扇的进气管打开,以涡扇模式工作;在超声速飞行时,管路都关闭,以涡喷模式工作。斯奈克玛公司则单独提出了 MCV99 VCE 方案。这两家公司已经联合完成了市场调研,以论证可行的发动机方案并确定所需的关键技术和试验设备。

日本从 1989 年开始着手为期 10 年的超声速和高超声速推进系统研究,并已于 1999 年完成。这是一种 VCE 和冲压发动机组合的推进系统,适用于马赫数 5 的高超声速飞机。

VCE 研究的另一个驱动力来自战斗机方面。自 20 世纪 60 年代以来,战斗机一方面朝着多用途方向发展,另一方面飞机的飞行包线不断扩大,从以低亚声速待机到高亚声速和超声速巡航和机动(开加力或不开加力),飞行高度从海平面到 15~17km,作战半径达 1000~2000km。针对第四代多用途战斗机的性能特点,对新一代发动机的设计提出了新的要求,除要求发动机具有更高的推重比外,要求发动机具有涡喷发动机高单位推力的特点,以满足超声速巡航、格斗机动飞行和跨声速加速的高推力需求;还要具有涡扇发动机低耗油率的特点,以满足亚声速巡航、待机和空中巡逻的要求。VCE 能够在超声速状态下提供足够的推力,在亚声速状态下降低油耗。根据模拟计算结果,对于英国提出的一种选择放气 VCE,考虑了 VCE 增重 50kg,可使飞机起飞总重和任务油耗分别降低 2.33% 和 3.36%;对于通用电气公司的双涵 VCE,耗油率可降低 2.0%~3.5%,而且,在亚声速飞行时,VCE 的涡轮前温度在某些点上可降低 300K 以上,这可用来进一步降低耗油率或延长涡轮寿命。特别是在 20 世纪 70 年代后,更加重视飞机机体/推进系统一体化设计,VCE 还能降低溢流和后体阻力,其优势更为明显。于是,对军用目的 VCE 的研究逐步开展起来。通用电气公司在这方面一直领先,从 YJ101/VCE 验证机到 GE21、GE37(XTE45,即后来的 F120)、XTE76 和 XTE77 验证机。F120 是世界上第一种经飞行验证的 VCE。后两种验证机分别属于美国高性能涡轮发动机技术(IHPTET)计划第二和第三阶段的 VCE,由通用电气公司和艾利逊公司联合研究,其技术将在联合攻击战斗机上得到采用。

艾利逊公司在 20 世纪 70 年代曾为美国海军的垂直和短距起降战斗机提出过包括变几何涡扇发动机在内的多种 VCE 方案,在 IHPTE 计划的第一阶段,它又成功地试验了 XTC16/1A 和 1B VCE 核心机。进入第二阶段,艾利逊公司便与通用电气公司联合研究 VCE。

5.3 VCE 方案研究与效益比较

在美国 SCR 计划中,NASA 组织通用电气公司、普·惠公司和道格拉斯公司进行 VCE 方案研究。从 1973 年开始,研究分 4 个阶段进行,如图 5-6 所示。第一阶段为初步分析,排除明显不可接受的方案。第二阶段为详细分析,从第一阶段留下的 10 个方案中选出 4 个进入第三阶段。在第三阶段,完成了详细分析之后进行初步设计。根据研究结果,暂时确定两种最有希望的方案,它们并不具有压倒其他的优势,保留排在其后的方案作为后备。在第四阶段,进行推进/机体一体化设计和发动机初步设计并对选出的发动机提出技术建议。如图 5-6 中右上角箭头所示,这些工作的结果将导致验证机试验,以验证所研究的方案。

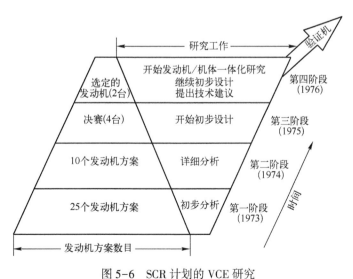

图 5-6 SCR 计划的 VCE 研究

5.3.1 早期方案研究

其实,在 SCR 计划之前,一些发动机公司早就研究过数以百计的 VCE 方案,这些方案大致可分为两类:一类是依靠阀门或相当的手段在同一发动机结构内根据需要建立两股或多股分离的流路,每股流路将适合于所处的飞行状态;另一类主要依靠部件的变几何和转子的变转速来达到同样的结果。

普·惠公司早期的一个典型变流路发动机方案如图 5-7 所示。在此方案中,在一台常规双转子涡扇发动机的风扇和压气机之间插入一个转换阀门。在涡喷模式下,阀门处于直通位置,气流连续通过风扇和压气机。实际上,这就是一台双转子高增压比涡喷发动机。这样,它能提供优良的超声速性能。在涡扇模式下,阀门转到"转换"位置,如图 5-7 的下部所示。经过正常进气道和风扇出来的空气旁路压气机,进入辅助外涵道。同时,通过辅助进气门进入压气机的空气,经过燃烧室和涡轮。因此,发动机以高得多的流量工作,在不加力的情况下排气速度大大降低。这时,发动机提供低噪声起飞模式和低的亚声速耗油率。从理论上说,这种发动机能实现变循环,但经仔细研究后,发现许多缺点。首先是阀门造成的重量增加和压力损失超过预期。另外,在涡扇模式下,核心流总增压比大大低于亚声速巡航所需的最佳值。由于同样的理由,需要多级的可调低压涡轮以便在涡扇模式下提供较多的功和在涡喷模式下提供较少的功。从飞机机体的观点看,有效的辅助进气门意味着一项重大的设计和发展工作以及相当大的重量增加。在超声速巡航时关闭外涵道也会引起相当大的底阻增加。之后的工作旨在消除或减少这些复杂性。普·惠公司反复研究了大量的替代方案,包括有前阀门、后阀门和前后阀门的方案。

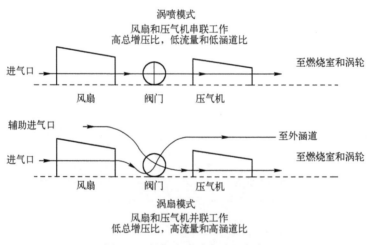

图 5-7 早期变流路发动机方案

普·惠公司在部件变几何和转子变转速途径方面最有吸引力的是变流路控制发动机(VSCE)。这基本上是一种高技术的外涵加力涡扇发动机,采用一些变几何部件和控制技术。

通用电气公司的三转子双涵道或调制气流发动机是另一种具有历史意义且更令人注意的例子,如图 5-8 所示。更有意义的是,它不仅是在通用电气公司早期研究中找到的最佳 VCE,而且它的许多特点在后来受人青睐的简单得多的双涵道 VCE 中得到采用。该

80

方案最大限度地将叶轮机的可变性融入一台外涵加力的涡扇发动机。利用 3 个转子之间的差动转速控制、可调静子和 3 个可调喷管出口面积的相应控制，它可提供：

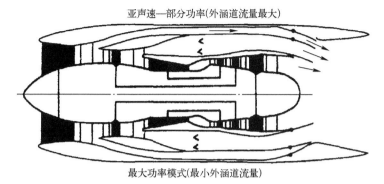

图 5-8 三转子双涵道 VCE 方案

（1）低噪声起飞时的大流量不加力模式。

（2）低油耗亚声速巡航时的恒定流量节流模式。

（3）大推力超声速飞行时的较小涵道比加力模式。

在起飞时，通过可调静子、转速控制（即低压转子加速）和打开外涵道喷管出口面积的办法，使风扇处于大流量状态，外涵加力燃烧室不打开。在不采用消声器的情况下，这种发动机能在尺寸相当于常规基准发动机的条件下满足 FAR36 的噪声标准。

亚声速节流是这样实现的：低压转子转速保持恒定，前风扇在一个宽的工作范围内保持其恒定额定流量。改变中压和高压转子的转速，以调节推力。前风扇的剩余空气（超过中压转子的空气吞咽能力）通过外涵道从喷管排出，外涵加力燃烧室不打开。在这种状态下，能够保持相当于 50% 最大不加力推力的恒定空气流量，这大大降低了亚声速飞行时的耗油率（约 15%）。

在超声速巡航时，转子转速和可调静子调节到尽可能接近涡喷工作状态，即高压转子和中压转子在最大转速下运转，以尽可能多地吸入前面转子的出口空气。这降低了外涵加力燃烧室涵道的涵道比，因此需要打开加力。在这种模式下工作，其超声速巡航性能与基准发动机相差不超过 1%~2%。

因此，三转子双涵道 VCE 能够满足 VCE 的每一项要求。可是，它的安装质量太大，每架飞机要增重 9000kg。由于质量大，而且担心其过于复杂，这种三转子方案未能通过 SCR 计划的第一阶段。但是通过研究，将其最好的优点用于一种更轻、更简单和比较常规的双转子发动机，即双涵道 VCE（DBE）。

5.3.2 效益比较

在 SCR 计划第四阶段研究中，以道格拉斯公司的一种超声速飞机为基础，对普·惠公司和通用电气公司的几种 VCE 方案进行比较。飞机为箭翼构型，起飞总重约 317800kg，载客 275~300 名，航程 7400~8325km。约束条件有：起飞跑道长度 3658m 和 3200m 两种；噪声标准为 FAR36 和 FAR36 减 5dB 两种。

5.3.2.1 普·惠公司的方案和效益比较

参与比较的 VCE 方案有 3 个。第一个是 VSCE，编号为 502B，如图 5-9 所示。它有常规外涵加力涡扇发动机的流路,但采用独特的主燃烧室控制程序,并广泛使用风扇、压气机、主喷管和副喷管的转速和变几何控制,以控制其工作的涵道比。因为具有这种能力,VSCE 称为 VCE,然而比前述两种早期方案要简单得多。在亚声速巡航状态,外涵不开加力,发动机以一种常规分排中等涵道比(约 1.5)涡扇发动机工作,因而具有比较好的亚声速巡航性能。起飞、加速和超声速巡航时,需要大的推力,因而打开加力。起飞开加力时噪声增大,但因采用同心环喷管而得以降低,结果,起飞时的噪声相当于常规涡扇发动机的噪声水平。在超声速巡航时,通过提高涡轮前温度和调节可调几何,加大高压转子转速,使涵道比减小,对加力的需求也减小,其耗油率接近设计良好的涡喷发动机。

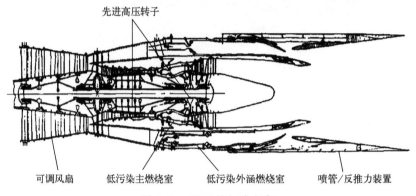

图 5-9　VSCE 的初步方案

先进高压转子

可调风扇　　低污染主燃烧室　　低污染外涵燃烧室　　喷管/反推力装置

　　第二个 VCE 是后阀门 VCE(VCE-112C)。它是从外涵加力涡扇发动机变形出来的,加了一个混合器/转换阀,后面再接一个后涡轮级。两者都位于正常低压涡轮之后。VCE-112C 根据阀门的位置不同,有两个不同的工作模式。起飞、加速和超声速巡航时,阀门处于转换位置,即核心流旁路后涡轮并从喷管的外环排出,因此,核心循环是涡喷发动机循环。同时,风扇空气通过打开的外涵燃烧室,并由转换阀引导入后涡轮,后涡轮吸收大量能量来帮助驱动低压系统。风扇空气的循环也是涡喷循环。因此,这种模式被称为"双涡喷"模式。它的超声速性能并不完全如其名字所意味的,因为这两种涡喷循环都不具有最佳增压比,而且阀门和后涡轮造成压力损失和重量/体积增加。在亚声速状态,阀门处于"混合"位置,外涵加力不打开,风扇和核心混合流通过后涡轮。换算流量与在超声速状态下加力风扇气流单独的流量大致相同,后涡轮吸收的功率很小,因而,发动机的特性就像常规混排涡扇发动机一样。

　　第三个方案是一种现代化的常规混排涡扇发动机,涵道比相当低,为 0.4,编号为 LBE430。虽然看起来缺乏明显的 VCE 特征,如阀门或多股同轴流,但它采用 VSCE 上所用的相同的技术。它还采用与 VSCE-520B 相同的转速控制和变几何,如果忽略噪声限制,它在小流量设计时具有极好的性能。可是,同心环喷管不适于这种形式,因此,这种发动机必须采用机械消声器(成为 LBE430S)或设计成大尺寸。

　　普·惠公司的发动机性能计算结果示于图 5-10,以航程为代表的性能作为发动机设计换算流量的函数,以一种当时技术的常规涡喷发动机(带 8dB 机械消声器)作为比较的基准。从图 5-10 可以看出,尤其在小流量时,LBE430 似乎是个"赢家",但带上机械消声器后,LBE430S 的性能就大大降低了。接下来要算 VSCE-520B 了,显然,它即使在小流量时性能也极好。然而,其主要优点体现在大流量时,那时的噪声低。最后,后阀门 VCE-112C 在小流量时颇具竞争力,但在较大流量时就不那么吸引人了,正如前面说过的,这种发动机因其固有的循环和喷管几何特性而不适于装同心环喷管,对民用则更少有吸引力。

在图 5-10 的右侧,示出这几种发动机以边线噪声和起飞跑道长度作为限制条件所达到的航程。为便于比较,基准涡喷发动机和 LBE430 发动机都带 8dB 的机械消声器。从图 5-10 可以看出,在两种限制条件下优选的 VSCE 都明显优于其他发动机。

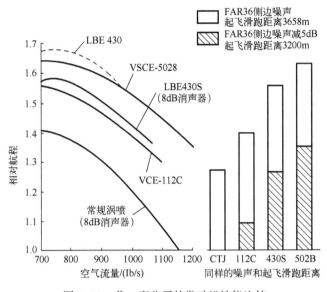

图 5-10　普·惠公司的发动机性能比较

5.3.2.2　通用电气公司的方案和效益比较

另一个优选的方案是通用电气公司的 DBE。像普·惠公司的发动机一样,DBE 利用同心环喷管、洁净的主燃烧室和加力燃烧室、先进材料和其他 SCR 计划的技术,但是它是从一种常规混排涡扇发动机发展而来,具有前述三转子发动机的一些特点。

低涵道比混排涡扇发动机具有极好的超声速性能,但当其空气流量按低起飞噪声设计时,它的重量增加很多。像所有常规涡扇发动机一样,它在亚声速巡航时的阻力会随油门杆的拉回而上升。为弥补这一缺陷,DBE 设有低噪声起飞时的暂时高流量模式和针对部分推力亚声速巡航的恒定流量调油门能力。

通用电气公司的第二种 VCE 是双循环发动机(DCE),它也是混排涡扇发动机的改型,但比较简单。正如它的名字一样,它有两个工作模式:混合排气和分开排气。常规混排模式用于爬升、加速和超声速巡航。在起飞和亚声速巡航时,外涵气流从混合器引出,并通过一个分开的喷管排出。这允许发动机在常规涡扇发动机和 DCE 中间的一个范围内以恒定流量来调节发动机油门。因为分开的外涵气流也可以像 DBE 那样被引导到尾喷管,所以可以利用同心环喷管的优点。正如在下面可以看到的,这种比较简单的发动机在小流量时相当有吸引力,但在大流量、低噪声状态下就不那么好了。

通用电气公司的发动机性能比较结果示于图 5-11。图 5-11 示出 1970 年的 GE4(作为基准)、DCE(除采用同心环喷管外基本上是一种低涵道比混排涡扇发动机)和DBE的性能随设计空气流量的变化。为便于比较,GE4假设安装8dB的机械消声器,而DCE和DBE则采用同心环喷管。与普·惠公司的结果相似,DCE相对于1970年的SST发动机GE4有相当大的改善,尤其是在低噪声起飞的大流量状态下则有更大的进步。图5-11的右侧显示出完全相同的趋势。航程还是按长跑道和短跑道以及FAR36和FAR36减5dB两个条件示出。

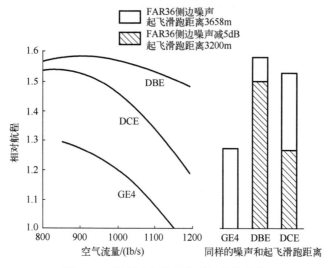

图5-11 通用电气公司发动机性能比较

显然,DBE显示出巨大的优势,而DCE在相应于长跑道和高噪声的小流量条件下也相当有竞争力。

在20世纪80年代,对新技术条件下通用电气公司的DBE效益做了评估。比较所用的飞机是NASA的一种超声速客机,马赫数为2.4,航程8325km,载客292名。以1990年的常规涡扇发动机为基准,计算了1990年的VCE(VCE-VG)、2000年的VCE(VCE2000)和2000年的带可调进气道VCE(VCE2000-VC)的性能。所有的发动机都带同心环喷管。

计算结果示于图5-12。所用的约束条件为跑道长度3200m,噪声标准为FAR36第二阶段和FAR36第三阶段。由图5-12可见,以起飞总重和任务油耗计的VCE效益为2%~10%。

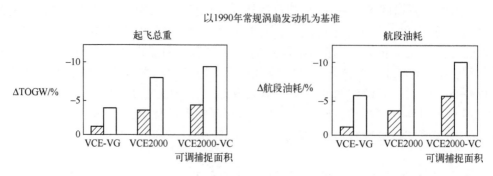

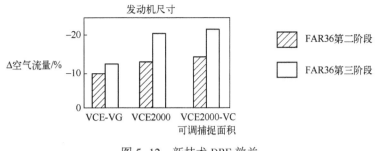

图 5-12 新技术 DBE 效益

5.4 典型 VCE 计划和发展情况

5.4.1 通用电气公司的 VCE

通用电气公司从 1971 年 SCR 计划开始认真研究 VCE，最初，它为美国 SST。提供的发动机是 GE4/J5 加力涡喷发动机，用 10 台发动机试验了 1800h，其中包括超过 200h 进气马赫数 2.7 的模拟高空试验。但噪声和污染问题严重，要求修改设计。修改后的 J6 与 J5 很相似，但提高了空气流量和涡轮前温度，取消了加力燃烧室，换上带可伸缩机械消声器的环形塞式喷管。大的空气流量允许在起飞、爬升、加速和超声速飞行时不开加力，但尺寸和重量增大，航程减小，亚声速性能差，噪声仍是问题。连同飞机机体的问题一起，导致 SST 计划在 1971 年被撤销。

如前所述，通用电气公司在 SCR 计划中研究了多种 VCE 方案，经比较后认为，DBE 最有希望。

5.4.1.1 GE21

通用电气公司的 DBE 编号为 GE21。如图 5-13 所示，它与常规混排涡扇发动机不同的是将风扇分为前后两段。后段与压气机连在一起，称为核心驱动风扇级（CDFS），带可调进口导流叶片。每个风扇段有自己的涵道，用以在宽广的工作范围内更好地控制空气流量。后段风扇和压气机由高压涡轮驱动，这种独特的安排允许负担过轻的高压涡轮做更多的功。前段风扇由单级低压涡轮驱动。

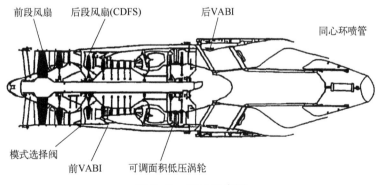

图 5-13 DBE 示意图

其他 VCE 部件有前可调面积涵道引射器(前 VABI)、后可调面积涵道引射器(后 VA-BI)和可调面积低压涡轮导向器。前 VABI 是改变核心涵道流量的阀门。该阀门可进行两个风扇段之间的放气,从而控制前风扇段的失速裕度。后 VABI 是改变涵道气流马赫数的阀门,用以保持涵道气流与核心气流掺混时的静压平衡。

可调面积低压涡轮导向器允许单独控制高压涡轮转速,而使发动机具有更大的灵活性。它还可以在宽广的工作范围内提高循环匹配能力。

1. DBE 工作模式

图 5-14 示出 DBE 的工作模式。在起飞和亚声速巡航时发动机呈双涵模式(图 5-14上部)。通过增加前段风扇转子转速并打开模式选择阀以及前、后 VABI,使前段风扇具有最大空气流量。由于转速不匹配,核心机不能吞下所有空气流量,剩余空气通过前VABI 流入外涵道。此时,关小 CDFS 的可调导向叶片的角度,从而减小核心流量,使发动机具有最大的涵道比。

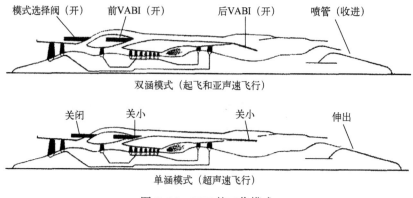

图 5-14 BDE 的工作模式

在亚声速巡航时,发动机能使进气道溢流和内部性能匹配得最佳。如图 5-15 所示,在发动机节流到巡航状态之前一直能保持最大流量,这样就消除了常规混排涡扇发动机在节流过程中出现的巨大溢流和后体阻力。增加的涵道比改善了推进效率,从而改善性能并降低耗油率(15%左右),如图 5-16 所示。

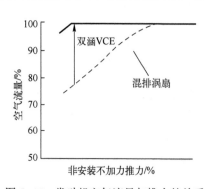

图 5-15 发动机空气流量与推力的关系

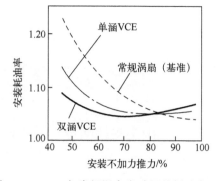

图 5-16 VCE 与常规涡扇发动机的耗油率比较

在加速、爬升和超声速巡航时,发动机以单涵模式工作。关闭模式选择阀,关小前VABI 和后 VABI,仅允许少量空气通过核心涵道以冷却喷管,后风扇段和高压压气机通过前风扇的几乎全部出口空气流量。这时产生高的单位推力,以维持高速飞行。在单涵模式下,前段风扇设置为具有与飞机进气道出口流量相匹配的能力,如图5-17所示。上面的曲线代表典型轴对称进气道的流量,下面的则是常规混排涡扇发动机的流通能力。采用一个尺寸可调的前段风扇,可以与进气道流量较好地匹配这样,就会降低溢流阻力,提高加速推力。

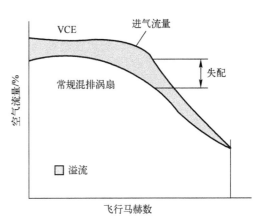

图5-17 进气道/发动机流量匹配

2. DBE的发展试验

在方案研究中,尽管认为GE21的变循环设计是可以实现的,但尚未进行部件试验验证。直到1976年,来自NASA SCR计划、空军和海军的资金促成了通用电气公司实行VCE试验发动机试验,如图5-18所示。

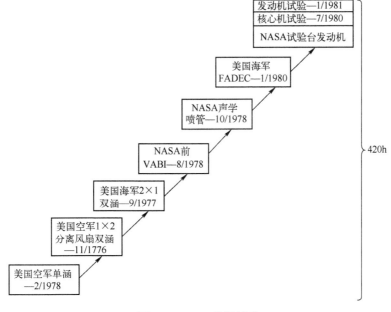

图5-18 VCE发展试验

VCE的试验是利用YJ101低涵道比涡扇发动机的硬件开始的,在地面试验台上经历了下列步骤:

(1)1976年2月,进行由空军主持的单涵道发动机试验。在一台YJl01/VCE上验证了双出口喷管上的后分流阀(又称可调后混合器,即后VABI)的工作,该阀门可以控制风扇流和核心流分开排气或混合排气。此外,发动机还以不同的高压和低压转子转速组合在部分混合状态下工作。所有的试验均未发生问题,并证实了试验前的预估。

(2)1976年11月,进行空军主持的1×2DBE试验。这是通用电气公司的第一台DBE,即第二代VCE。将YJ101的3级风扇分为前1级和后2级两段。这种分离风扇先在部件试验器上进行了部件试验,测得了特性图。还检查了风扇的畸变裕度,结果表明其

87

畸变裕度等于或优于原先的整体风扇。装在发动机上试验后,验证了单涵和双涵模式之间的部分推力的耗油率改进和直到约 50% 不加力推力时的恒定流量能力。在一定的推力状态范围内进行了单涵和双涵模式的转换,未发生问题。

(3) 1977 年 9 月,进行海军主持的 2×l DBE 试验。分离风扇改为前 2 级和后 1 级;后分流阀改为降落伞式的后 VABI,以改善混合;采用可调低压涡轮导向器,提高工作的灵活性;增加加力试验。

(4) 1978 年 6 月,进行 NASA 主持的 2×1 DBE 试验。采用了前 VABI,它允许内、外涵气流合成单一的涵道气流。验证了前 VABI 原理的可行性,并成功地在单涵和双涵模式之间转换。1978 年 10 月,该发动机还安装了同心环喷管,并在室外试车台上进行了进一步的性能/声学评估。结果表明,同心环喷管使边线噪声降低 8dB 左右。

(5) 1980 年 1 月,进行海军的 FADEC 试验。在上述试验后,在 NASA 的 2×lDBE 上试验 FADEC。发动机采用更多的变几何部件,为新的多变量电子控制提供更多的功能检查。控制器在整个发动机工作范围内提供转子转速和前后风扇段工作线的自动控制。

(6) 1980 年 7 月,进行带 CDFS 的核心机试验。在 1978 年秋天,NASA 研制 CDFS,后段风扇与高压压气机机械上连在一起。由于转速较高,叶尖直径减小,可改善外涵道气动状况。CDFS 带可调进口导向叶片,用于有效地调节流量,而且用一个环形管道与前段风扇分开,管道内设模式选择阀。阀门完全关闭时,发动机呈单涵模式;阀门打开时,呈双涵模式,使前段风扇的部分空气旁路这个第三级提供给外涵道。CDFS 的设计增压比为 1.37,其导向叶片关闭 40°时,可提供 1.6:1 的流量调节能力。经过 58h 的试验,结果令人满意。

(7) 1981 年 1 月,进行带 CDFS 的 DBE 试验。在上述核心机上,加低压系统、后 VABI 和尾喷管,构成全台 DBE。试验中,发动机满足了所有目标,尤其是 CDFS 的匹配特性。最有意思的结果是在 50% 油门位置时双涵模式与单涵模式的流量扩大比较,如图 5-19 所示。与最好的单涵模式耗油率状态相比,在不增加耗油率的条件下,双涵模式的空气流量大 30%。

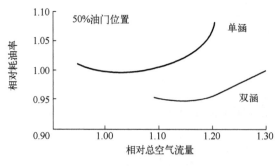

图 5-19　全台 DBE 的试验结果

SCR 计划成功地实现其主要目标,在最关键的 VCE 特征的概念、硬件和工作方面树立了信心。这为未来的 VCE 计划,特别是为 F120 的研制打下了坚实的基础。

5.4.1.2　F120

F120(图 5-20)是用于美国空军先进战术战斗机(ATF,后正式编号为 F-22)的候选发动机。它是美国空军和海军在1983—1990年主持的SCR、ATEGG、JTDE和ManTech等一系列计划的产物。这些计划致力于发展最终构成F120——第三代VCE的先进发动机部件。

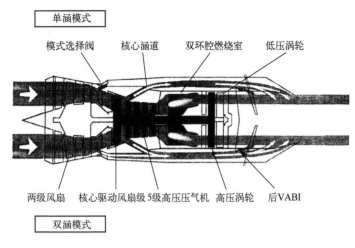

图5-20　F120变循环概念

1. F120的热力循环选择

F120是一种满足先进战术战斗机(ATF)的大功率状态高单位推力和部分功率状态低耗油率相互矛盾要求的双涵VCE。这些要求由综合涡喷发动机和涡扇发动机最有吸引力的特点满足。与GE21一样,它能够以单涵和双涵模式工作。变循环特征包括位于第2级风扇后面的被动作动旁路(模式)选择阀和在加力燃烧室内的后VABI。单涵(涡喷)模式提供在大功率状态大的单位推力,而双涵(涡扇)模式则在小功率状态降低耗油率。

与任何循环选择过程一样,F120的设计从分析ATF的任务要求开始。在ATF的任务要求中有3个关键点。第1个点是高空亚声速状态,这个点模拟空战机动。第2个点是超声速巡航,这个点的目标是不开加力作超声速巡航,其结果是可观测信号小,从而改善ATF的生存力。第3个点是高空低速状态。每个点的最大可用进气道流量和推力指标由机体制造商确定。发动机的材料和冷却技术确定最大状态的压气机出口温度(T_3)和涡轮前温度(T_4)。

根据这些初步信息,F120的设计按常规低涵道比涡扇发动机的路线开始。然而,对于所涉及的具体要求和任务,涡扇发动机已经缺乏吸引力,而循环研究证实VCE是较好的候选方案。

VCE的优点可以通过比较它与常规涡扇发动机的工作来描述。图5-21画出在进口温度变化范围内的涡扇发动机T_3、T_4和总的换算进气空气流量(W/R)的变化,进气温度代表飞行马赫数,以进气总温为横坐标,画出T_3、T_4和(W/R)的变化规律。图5-21中A、B和C表示ATF的3个关键飞行状态点。

从图5-21来看从点1到点2随着马赫数的增加发动机的情况。在这两个点之间,发动机在恒定的换算功率和W/R下工作,这种情况一直保持到在某个马赫数下T_4达到极限值(点2)之前。超过这个点,燃烧室的燃油流量必须减小,以便T_4不超过极限值。核

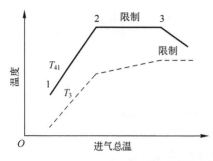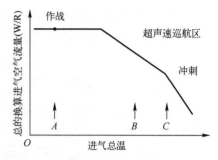

图 5-21　典型涡扇发动机特性

心机功率和发动机转速降低,结果风扇不能吞下全部进气。这种情况一直继续到 T_3 达到极限值(点 3)。超过这个点后,燃烧室燃油流量进一步降低,结果 T_4 下降到最大值以下。

常规涡扇发动机可以通过选择风扇和核心机的增压比组合来确定满足 A 点和 C 点要求的尺寸。困难的是满足 B 点的超声速巡航推力。要记住,在 B 点是不允许开加力的。由于受到排气温度的限制,因此,超声速巡航推力只能通过提高喷管膨胀比或空气流量来实现。这导致工程师们研究保持高的流通能力的方法,正是 VCE 特别是 DBE 多用性发挥作用的地方。

F120 发动机是建立在 GE21 的经验基础上的。从一台涡喷发动机开始,加上 CDFS 和一个前 VABI。当发动机达到 T_4 极限(点 2)时,调节前 VABI,减小 CDFS 增压比。这使得更多的空气流过核心,并使发动机接受全部进口空气,以达到较高的马赫数。图 5-22 中的虚线表示这种情况。在恒定的 T_4 下,允许加入更多的燃油。发动机进气流量和燃油流量的增加提供为产生所需推力的能量。

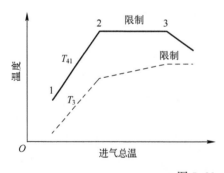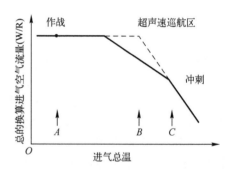

图 5-22　F120 的特性

在满足了 3 个关键点后,把注意力集中到部分功率工作状态。在这些低换算功率状态下,发生了一个有趣的现象。与常规涡扇发动机不一样,VCE 上的风扇工作线实际上随功率的减小而上移。这降低了风扇的失速裕度,如图 5-23 所示。为缓解这个问题,在发动机的外风扇涵道设置一个可调模式选择阀(后为一个被动作动旁路系统所代替),以此为风扇气流进入外涵道提供一个通道,使风扇减荷。当发动机功率降低且风扇工作线接近最低失速线时,选择阀打开。如图 5-24 所示,这使风扇增压比降低,保持了足够的失速裕度。与选择阀相配合,后 VABI 参与控制。后 VABI 为外涵气流进入核心流提供通道。结果,由于涵道比提高,推进效率也提高,耗油率就降低了。

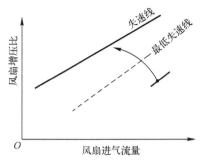
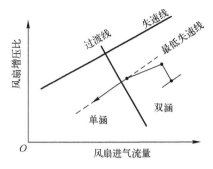

图 5-23　F120 风扇失速线(风扇不减荷)　　　图 5-24　F120 风扇失速线(风扇减荷)

在亚声速巡航的低功率状态,发动机以双涵(涡扇)模式工作,使耗油率由于推进效率高而减到最小。模式选择阀(即被动作动旁路系统)由第 2 级风扇和 CDFS 之间的压差打开,使更多的空气进入外涵道,同时使风扇具有大的喘振裕度。此时,后 VABI 也打开,更多的外涵空气引射进入主排气流,使推力增大。

在超声速巡航的高功率状态,发动机以单涵(涡喷)模式工作。在此模式下,后 VABI 关小到使涡轮框架、加力燃烧室内衬和尾喷管内衬前后保持正的风扇冷却气流压差。当后 VABI 关小时,外涵中的压力增加,直到超过第 2 级风扇排气压力为止。然后,模式选择阀关闭,迫使空气进入核心机。有少量空气从 CBS 后引出,供加力燃烧室和喷管冷却以及飞机引气用,发动机顺利进入涡喷模式。同样,拉回油门杆时,发动机顺利从涡喷模式转入涡扇模式。

2. F120 发动机简介

F120 是一台带对转涡轮的双转子涡扇发动机。低压涡轮驱动两级风扇,高压涡轮驱动 5 级压气机,两个涡轮都是单级设计。发动机包括一组位于风扇后的涵道门(模式选择阀)、一个 CDFS、一个紧接在 CDFS 后的前 VABI 和在加力燃烧室内的后 VABI。

F120 的 CDFS 与压气机连在一起,然而其功能恰似一个风扇的后面级。用高压涡轮驱动 CDFS 是 F120 的一个关键。它平衡了高压和低压涡轮之间的功,这使得两个涡轮都可以用单级。权衡研究表明,常规涡扇发动机要求一个两级低压涡轮。因此,可以省去一级涡轮。

F120 的最终结构经过 3 个阶段的发展。第一阶段用 XF120 进行地面验证;第二阶段用 YF120 进行飞行试验;第三阶段的 F120 吸取了 XF120 和 YF220 计划的所有经验教训。

XF120 的试验证实了基本循环的灵活性、性能特性、涡轮温度能力和失速裕度。它还验证了 FADEC 和二元矢量喷管的工作。

在 XF120 的试验过程中,这种 DBE 的性能极佳。随着经验的取得和工作能力的评估,对发动机的结构做了一些细小的修改。

YF120 的流量比 XF120 的大,以满足不断改变的机体需求和喷管冷却要求。重量和复杂性被减到最小,而保障性始终作为一个关键设计目标。在 ATF 的原型机试验计划中,YF120 成功地在 YF-22 和 YF-23 上飞行。它达到了重量、寿命、适用性和性能目标,还达到或超过严格的最大不加力超声速巡航推力目标。

F120 自然是从 XF120 地面试验和 YF120 飞行试验成功的基础上发展起来的。在 F120 上,用一个被动旁路系统代替了可调模式选择阀。对叶轮机做了改进,以改善匹配特性和效率。控制系统简化到了常规涡扇发动机的水平。因此,F120在比目前战斗机发动机具有更低复杂性的条件下具有固有的灵活性和优良的保障性。它为飞机提供了优良的速度、加速性、机动性和航程能力。

总的来说,F120与通用电气公司成功的F110系列相比,结构简单得多,零件数少40%。

5.4.1.3 可控增压比发动机

可控增压比发动机(COPE)是通用电气公司和艾利逊公司联合研究的第四代VCE,其目标是将YF120的最好特性(大的不加力推力)与F110发动机在亚声速巡航时的低耗油率结合起来。目前,这种方案正在IHPTET计划第二和第三阶段进行试验验证。

COPE方案的关键系统——涡轮系统已经完成了气动和传热设计验证计划。涡轮系统包括3个部件:高效可调面积导向器、高负荷跨声速高压涡轮和无导叶对转低压涡轮。计划的成果将用于XTE76验证机、XTE77验证机和JSF发动机。

1. 可调面积涡轮导向器

可调面积涡轮导向器是为实现高的不加力推力和亚声速的低耗油率相结合的目标而设计的。它允许发动机在一个宽广的增压比范围内以恒定的涵道比工作。高压压气机因其能在宽广的工作范围内保持在固定的匹配点上而保持高的效率。一种独特的凸轮驱动蛤壳设计解决了过去变面积导向器常遇到的冷却漏气引起的性能损失问题。据预估,这些特点在部分功率状态下比常规高单位推力涡扇发动机的耗油率低10%~15%。

2. 单级高负荷跨声速高压涡轮

COPE的单级高负荷涡轮优于常规的单级和双级涡轮。由于零件数和尺寸的减小,重量、冷却气流量和成本都有所降低。运用CFD和YF120的高压和低压涡轮的经验,研究了降低高压和低压涡轮干扰损失的叶片设计。当与先进的气动和冷却技术结合时,级负荷大大提高。

3. 双级无导叶对转低压涡轮

双级无导叶对转低压涡轮是一种革命性的方案,有许多潜在的优点。设计权衡表明,这种方案特别适合未来军用飞机的推力要求。然而,设计面临低压涡轮固有的高周疲劳问题。从YF120设计开始,COPE发展了一种新的方案,以扩大无导叶对转低压涡轮的工作范围,而不会对重量、冷却气流、成本和高周疲劳带来不利影响。高负荷跨声速高压涡轮气动设计与双级无导叶对转低压涡轮的优化需要完美的多学科组合,包括气动、传热和结构动力学。从高压涡轮来的跨声速流的强迫响应需要与低压涡轮的气动性能、冷却和结构响应综合考虑。从COPE涡轮系统计划得到的数据将修正设计程序,使设计的低压涡轮重量轻、效率高、抗高周疲劳能力强。

5.4.2 日本的HYP90-T变循环发动机

5.4.2.1 背景

近来的经济全球化和高速增长推动着跨洋远航程高速运输机的需求。世界范围内对"协和"号超声速客机(SST)的后继机和高超声速运输机(HST)的研究正在取得进展。

1989年,日本开始着手为期10年的超声速和高超声速推进系统研究计划(HYPR),并于1999年完成,总投资约3亿美元。计划的目标是为SST和HST的推进系统打下技术基础。通过研究和试验组合发动机(CCE),验证了其可行性。CCE由VCE和以甲烷为燃料的冲压发动机组成。研究工作从部件试验开始,然后研究高温核心机(HTCE)和VCE,最后组合成CCE。鉴于该计划的成功,1999年日本又开始一项新的计划,即为下一代SST研究和试验环保型推进系统。该计划由日本通产省主持,有3家日本公司、4家外国公司(通用电气公司、普·惠公司、罗·罗公司和斯奈克玛公司)和4个日本国立研究所参加。由3家日本公司组成的HYPR协会负责HYPR计划的协调,每年至少开一次会,以协调和指导各个成员单位,使计划顺利进行。

5.4.2.2 目标飞机和推进系统描述

HYPR计划的目标飞机是一种马赫数5的高超声速运输机,载客300人,航程12000km,最大起飞总重440000kg。它仅用3h就能跨过太平洋从东京飞到纽约。所采用的推进系统是4台单台推力为27000daN的发动机。其研究目标如表5-1所列。

表5-1 HYPR计划的推进系统目标

系统/分系统	目 标	
CCE	飞行马赫数	0~5
	噪声水平	ICAO ANNEX 第三章
	排气发散	对臭氧层无重大影响
涡轮发动机	工作马赫数	0~3
	涡轮前温度	1973K
	耗油率	1.19kg/(daN. h)
冲压发动机	工作马赫数	2.5~5
	燃烧室出口温度	2173K
	耗油率	1.58kg/(daN. h)

5.4.2.3 HYPR-T发动机的设计

涡轮发动机验证机命名为HYPR-T,是目标发动机的1/10缩型。性能设计参数的选择考虑到在发动机制造时能达到最新部件和材料水平。表5-2给出HYPR-T发动机的设计性能。在马赫数3时,压气机出口温度(CDT)达到940K。在马赫数2.5~3爬升时,涡轮前温度(TIT)达到最大值1873K。由于较高的TIT和CDT水平以及高马赫数下高的进气温度,发动机需要适当的冷却和耐热结构设计。因此,二次空气系统和传热分析在发动机设计中起到很大的作用。图5-25示出HYPR-T发动机的结构布局,并列出诸如变几何、高温材料和消声装置等特征。

表5-2 HYPR-T发动机的设计性能

	起飞	巡航(马赫数0.95)	爬升(马赫数2.5)	爬升(马赫数3)
高度/km	0	10.7	18.3	20.9
涵道比	0.83	0.88	0.7	0.94
CDT/K	622	536	854	936

	起飞	巡航（马赫数0.95）	爬升（马赫数2.5）	爬升（马赫数3）
TIT/K	1710	1340	1873	1873
单位推力/(daN/kg)	65.5	30.4	32.4	22.0
耗油率/(mg/(N·s))	0.66	0.81	1.19	1.43
排气速度/(m/s)	550*	582	1050	1097
*混合器—引射器进口截面				

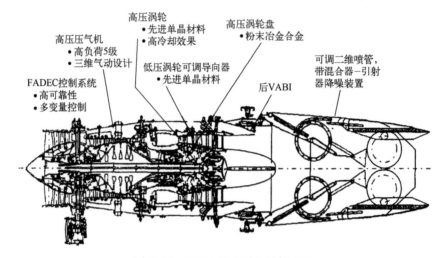

图5-25　HYPR-T发动机结构布局

　　HYPR-T发动机是一种带低压涡轮可调面积导向器（IPTVG）和后可调面积涵道引射器（RVABI）的双转子涡扇发动机。LPTVG可调整高压和低压转子的功的分配。在高速飞行时，它被打开，增加高压压气机流量，从而提高单位推力。在起飞时，它被关闭，增加外涵道流量并降低排气速度，以降低噪声和提高推进效率。RVABI用于控制风扇增压比（工作线），以优化外涵和核心气流混合处的压力平衡。这种混合器—引射器用于降低噪声，推力损失为2%。HYPR-T布局与通用电气公司的VCE方案非常相似。

　　压气机采用三维气动设计，部件试验中多变效率达到91%，喘振裕度25%。通过优化冷却孔分布和油气比，燃烧室出口温度分布系数为0.18。

　　高压涡轮和低压涡轮的导向器叶片和转子叶片均采用镍基单晶合金，分别用压气机排气和中间级引气冷却。高压涡轮转子叶片采用气膜、对流和冲击冷却。高压涡轮盘的材料为粉末冶金。除第一级外，所有压气机转子和静子叶片都用镍基合金制造。在周围二次空气温度达973K的压气机出口压力（CDP）封严和高压涡轮轮缘封严处采用高蠕变强度和高耐热材料。由镍基材料制造的火焰筒涂有隔热涂层。为防止热流传入位于燃烧室下的轴承腔，轴承腔周围设有两层隔热屏和两道冷气膜。4号轴承座采用弹性支承，以减小热应力。因为在马赫数3时发动机出口温度达到1300K，涡轮出口导向叶片需要足够的冷却空气。为了冷却相当宽的出口导向叶片表面，从风扇涵道引冷却空气，而不是从压气机引气。低压转子和高压转子分别由3个和两个轴承支承。两个转子的推力轴承和低压转子的后轴承都采用挤压油膜和弹性阻尼支承，避免出现临界转速并降低响应。

FADEC 控制可调部件。一个高可靠性的 FADEC 系统是 VCE 的关键技术之一,它要求对多个变量实行稳定和复杂的控制,并与飞机其他系统传递数据。该 FADEC 由双通道组成,每个通道都有两个 CPU。该系统还有双通道的传感器和作动器,这种完全的双通道概念使系统具有高度的失效容限,因而达到高度的飞行安全性。

5.4.2.4 HYPR-T 发动机试验

1994 年 11 月 28 日,涡轮发动机进行首次地面试验。试验的目的是验证直到海平面最大状态的性能和结构完整性,并获取 VCE 性能数据。试验的目标是低压转子转速 n_1 达到 100%。在基本构型试验中,n_1 达到 10900r/min(100%)。测得的发动机和部件性能与预估值吻合。二次空气系统和结构完整性设计都得到了证实。在 LPTVG 变化的试验中,LPTVG 的角度从 $-1°$ 变到 $+5°$,控制低压转子和高压转子之间的功的分配可行性得到验证。在 RVABI 改变的试验中,涵道出口面积从 100% 变化到 290%,试验结果几乎与预估的一样,没有发生喘振,风扇的工作线得到了控制。

高温核心机(HTCE)的第一次进气加温试验在 1995 年 3 月 1 日进行。进气加温试验时核心机转速为 12730r/min,涡轮前温度为 1873K。试验设备可以为 HTCE 提供温度为 573K 的空气,相当于马赫数 3 的最大不加力状态。试验的目标是高压转子转速达到 100%,涡轮前温度达到 1873K。总共试验了 16h12min,测得的结果与预估值非常吻合。当进气温度为 475K 时,高压转子转速达到目标值,没有发现有害的共振。在涡轮前温度为 1973K 的情况下,核心机工作了 15min。此时,涡轮出口温度为 1533K,用陶瓷基复合材料制造的尾锥变红。分解检查表明,高温部件包括尾锥都处于良好状态。测得的涡轮导向器和盘的金属温度与预估值相当,验证了高温部件设计的可行性。

1996 年 12 月—1997 年 2 月,HYPR-T 发动机的模拟高空试验在通用电气公司的模拟高空试验台上进行,模拟的速度为马赫数 3,高度为 20700m。通过试验,成功地验证了发动机的适用性。在试验中,涡轮前温度达到 1873K。在马赫数 2.5 下,CDT 为 833K,涵道比从 0.6 成功地变化到 0.9。通过改变 LPTVG 的角度,在高速高温状态下的推力增加 15%。

5.4.3 斯奈克玛公司的 MCV99 方案

5.4.3.1 方案研究和工作原理

斯奈克玛公司在 20 世纪 70 年代开始为"协和"号后的 SST 研究 VCE,主要针对马赫数 2 的飞机。它提出的是双压缩系统 VCE,如图 5-26 所示。研究表明,在马赫数低于 2.5 时,美国提出的单压缩系统 VCE 有一些缺点:如排气速度高,不带消声器不能满足有关噪声条例要求;涵道比变化范围小,主要对超声速巡航和亚声速巡航速度作优化;如果要使排气速度低于 450m/s,则压气机和短舱的直径较大,因而阻力较大。而双压缩系统 VCE 可以克服这些缺点,它在马赫数低于 2.5 时能使发动机性能更优化,而且短舱阻力低,它不必依赖消声器使噪声降低到符合条例的规定。如图 5-26 所示,双压缩系统 VCE 有 3 种不同的布局。上为前串列风扇,两个风扇都在前面,并且在同一根轴上。中为前后串列风扇,第二个风扇设在后面,并且由单独的涡轮驱动。下为同心发动机,风扇是与主发动机同心的第二个发动机的一部分,并处于压气机出口和燃烧室进口之间的发动机最小截面处。MCV99 即是最后方案的简化型,如图 5-27 所示。

首先,主压气机出口面积比其进口面积要小得多,把风扇设在压气机出口处,风扇部分地处主压气机进口截面的"阴影"内。而且,决定用一个单独的涡轮来驱动风扇,这个涡轮可以用压气机的引气(约占总流量的30%)并可以经专门的燃烧室加热提供燃气。这样就不会影响主发动机的匹配,使主发动机的效率最大。驱动风扇的副涡轮的排气与风扇排气混合。在起飞和亚声速巡航时,外涵道、辅助进气门和压气机引气门打开,风扇系统工作,呈涡扇模式。在超声速巡航时,这3个门都关闭,呈涡喷模式工作。引气比和副燃烧室的加热量是优化风扇的两个控制参数。

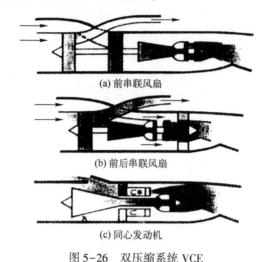

(a) 前串联风扇

(b) 前后串联风扇

(c) 同心发动机

图 5-26   双压缩系统 VCE

起飞/亚声速巡航

超声速巡航

图 5-27   MCV99 原理简图

5.4.3.2   MCV99 的结构和性能

为 MCV99 考虑的技术水平是最高压气机出口温度为 950K,这相当于增压比 17 在马赫数 2 时的温度。超声速巡航时的涡轮前温度为 1550~1700K,最高 1850K。

MCV99 发动机的结构如图 5-28 所示,包括一个单转子压气机和主涡轮。考虑到压气机的增压比和较大的流量变化范围(超声速巡航时的换算流量为起飞时的 70%),带 4 级可调的 10 级设计是相当先进的,尤其是要达到极高的超声速巡航效率。在起飞时压气机具有大的喘振裕度,这允许通过辅助进气道补充空气。主涡轮在起飞转速和超声速巡航转速之间工作点的变化很大,需要采用 4 级,其中头两级有冷却。燃烧室比较短,包括能够降低污染物发散的变几何喷嘴。与别的 MCV 方案不同,本方案不用副燃烧室。从主压气机出口的引气在 3 级非冷却的副涡轮中膨胀,从而带动转速较低的两级风扇。风扇增压比为 2.5,考虑到通过辅助进气道提供的空气非常不均匀,风扇有大的喘振裕度。副涡轮的第一级进口导向叶片是可调的,以调整从压气机来的引气流。在 4 个重要飞行状态下的主要循环参数和性能参数如表 5-3 所列。

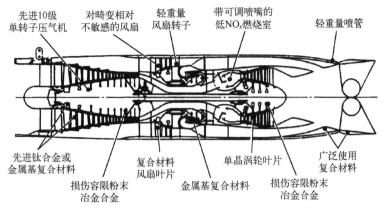

图 5-28　MCV99 发动机结构

表 5-3　MCV99 的主要循环参数和性能参数(非安装,
无发动机外引气,无功率提取)

	起飞	超声速巡航	跨声速爬升	亚声速巡航
高度/km	0	18288	10973	9449
飞行马赫数	0	2.0	1.3	0.95
推力/daN	22000	4200	10900	7800
耗油率/(kg/(daN·h))	0.65	1.18	1.02	0.89
总换算流量/(kg/s)	543	190	526	541
压气机增压比	19.2	17	18.8	19
涡轮前温度/K	1646	1525	1850	1500
引气率	0.35	0	0.36	0.34
涵道比	1.0	0	1.04	0.994
风扇增压比	2.50	—	2.46	2.48

5.4.4　普·惠公司的 VSCE 方案

在 20 世纪 70 年代,普·惠公司也参与了 NASA 的 SCR 计划。在此期间,该公司研究了 100 多种不同的方案和循环方式,其中包括变循环发动机。许多方案的模型试验证明,最有希望的方案是 VSCE。这种方案与第一代 SST 发动机相比,在航程、噪声和排气污染方面都有很大的改进潜力。

5.4.4.1　VSCE 方案

为了单独调节风扇和主气流,从而减小起飞噪声和获得良好的亚声速和超声速巡航性能,VSCE 采用了变几何部件和独特的油门程序。VSCE 是一种类似常规双转子涡扇发动机的结构。低压转子由多级可变几何风扇和单级涡轮组成。高压转子由先进单级高温涡轮和多级可变几何压气机组成。主燃烧室和外涵加力燃烧室采用高效、低污染方案。

97

喷管是一种双流路同心环设计,在两个流路中都有可变面积喉道,带引射/反推力排气系统。

主气流和外涵气流都可单独进行温度和速度调节,可使起飞噪声降低。降低噪声的原理是采用反速度场,即外涵气流速度比主气流的速度高出50%~70%,这样可以加快排气流与周围大气的混合,使排气速度很快降下来,从而降低噪声。根据喷管模型试验结果,在空气流量和推力水平大致相同的条件下,双流路同心环设计比单流路喷管的噪声大约低8dB。

5.4.4.2 VSCE 的工作模式

VSCE 的工作模式如图 5-29 所示。上面是起飞状态独特的反速度场,外涵气流的速度比主气流的高出50%~70%。此时主气流调节到中等功率状态,以便降低与主气流有关的噪声。为了提供所要求的起飞推力和反速度场,外涵加力燃烧室在 1422~1700K 之间的最高温度下工作,这取决于噪声要求和所选的发动机尺寸。正是这种起飞状态,决定了外涵加力燃烧室和喷管的冷却要求。相对于接近化学恰当比的军用发动机加力燃烧室来说,这种外涵加力燃烧室的最高温度还是比较低的,这对民用发动机的寿命有利。

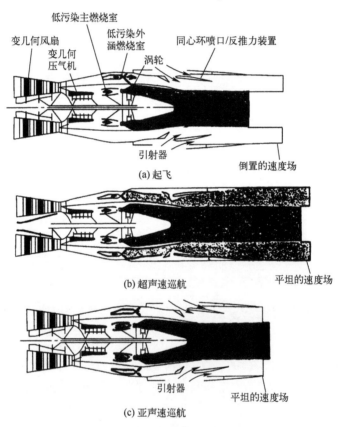

图 5-29　VSCE 的工作模式

图 5-29(b)为超声速工作模式,此时主燃烧室的温度比起飞状态高,而高压转子转速和流量与主燃烧室的温度相匹配。这种匹配技术称为反油门程序(ITS),因为对于常规亚声速发动机来说,巡航时的燃烧室温度和高压转子转速远低于起飞状态。相对于常

规涡扇发动机,反油门程序可使高压转子匹配在较高的流量处。这种高流量状态可减小发动机的涵道比,从而使超声速状态所需的外涵加力的量减小。在这种状态下两股气流的温度几乎相当,速度场也比较平坦。反油门程序的另一个特点是,能够定出优化超声速巡航性能的发动机尺寸,同时借助同心环喷管的低噪声优点来满足另外的工作状态的噪声要求。

图5-29(c)是亚声速巡航模式,此时主燃烧室调到低温(1366K),关闭外涵加力燃烧室,这样VSCE就像中等涵道比涡扇发动机那样工作。由于变几何部件的匹配是使发动机的流量加大,因而进气道的流量与发动机的流量匹配得相当精确,这就大大减少了进气道溢流阻力和外涵损失,并且,在这种部分功率状态使引射喷管工作,填充喷管排气区,从而改善喷管的性能。

5.4.4.3　VSCE 的试验

VSCE能否取得潜在的效益,取决于关键技术的突破,其关键技术如下:

(1) 低噪声、高性能的同心环喷管。

(2) 高性能、低污染的外涵燃烧室。

(3) 高温部件技术。

(4) 变几何部件技术(包括喷管、引射器、反推力装置、进气道、风扇和压气机)。

(5) 数字式电子控制系统。

(6) 推进系统一体化。

普·惠公司在20世纪70年代后期重点对前两项进行了部件试验和发动机验证试验。以后,就没有见到该公司在这方面做进一步的工作。

1. 反速度场同心环喷管

如图5-30所示,同心环喷管具有反速度场。第一阶段的试验是在改变进气条件的情况下进行静态试验。在不作消声处理的情况下,同心环喷管的噪声降低11dB之多。在典型的VSCE工作条件下,噪声可降低约8dB。

第二阶段是风洞试验。在模拟的飞行速度下同心环喷管基本上保持上述静态试验时所获得的消声水平。飞行效应导致的噪声降低是喷管气流速度和模拟飞行速度的函数。

第三阶段工作是继续上述的试验和分析,以便查明和研究关于同心环喷管的气动/声学问题。具体来说,是采集静态声学和气动数据,并与已有数据相结合,以支持同心环喷管的气动/声学预测方法。结果发展了一种预估方法,它可以预估在各种角度下作为喷管几何、工作状态和飞行速度的函数的喷气噪声压力谱。后来的发动机台架模型试验结果表明,与预估值相当吻合。

2. 外涵加力燃烧室

外涵加力燃烧室计划的目的是查明和验证所需要的技术,以便发展一种高性能、低污染的外涵加力燃烧室。在第一阶段,通过对外涵加力燃烧室方案的筛选,确定一种三级涡流混合和燃烧(Vorbix)方案,可能全面满足发动机的要求,而且与VSCE的结构相适应。空气经过一排旋流管进入预燃次级,加速它与从预燃级出来的燃气的混合。由旋流产生的快速湍流混合提高燃烧的完全程度,从而减少排气污染。在第三区或称高功率区采用类似的布局。次级和高功率级的燃油喷嘴位于前一级的出口,以便燃油在热燃气中迅速汽化。

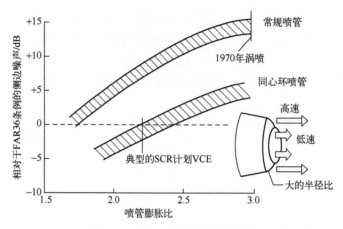

图 5-30　同心环喷管的反速度场

部件试验是用 60°扇形段进行的,总共试验了 12 种外涵加力方案。模拟海平面起飞和超声速巡航两种状态,录取污染和总压数据。这些试验成功地验证了三级 Vorbix 外涵加力燃烧室方案。

3. 发动机验证试验

按照计划,普·惠公司用 F100 发动机作为验证机来进行外涵加力燃烧室的污染指标和性能鉴定以及气动和噪声鉴定,因为 F100 发动机有可能模拟 VSCE 所需的排气条件,而且改装无须花太多的经费。该试验将验证:

(1) 同心环喷管具有反速度场消声的优点。

(2) 外涵加力燃烧室具有性能高和污染低的优点。

(3) VSCE 的反油门程序。

(4) 外涵加力燃烧室的噪声。

(5) 风扇与外涵加力燃烧室噪声的相互影响。

(6) 风扇、外涵加力燃烧室、喷管的工作稳定性。

大约完成了 100h 的试验,就外涵加力燃烧室而言,没有遇到重大问题。在稳定工作状态下测得的主气流与风扇气流速度之比为 1.0~1.9。VSCE 方案的一个主要问题是风扇、外涵加力燃烧室、喷管的稳定性。在外涵加力燃烧室点火时,上游压力脉动预计为 1%~3%,事实上,在试验过程中没有发生不稳定问题。从第一到第二再到第三燃烧区的燃油流量过渡也没有发生不稳定问题。污染和燃烧效率也再现了部件试验的结果。

5.5　VCE 的关键技术

要使 VCE 成为现实,需突破一系列关键技术,其中主要关键技术如下。

5.5.1　核心驱动风扇级

核心驱动风扇级是 GE21 和 F120 特有的部件。F120 的 CDFS 与压气机连在一起,然而其功能恰似一个风扇的后面级。用高压涡轮驱动 CDFS 是 F120 的一个关键,它平衡了高压和低压涡轮之间的功。这使得两个涡轮都可以用单级。权衡研究表明,常规涡扇发动机要求一个两级低压涡轮。因此,可以省去一级涡轮。

CDFS 能在全开和关小(导叶预旋角分别为 0°~5° 和 35°~40°)两种状态下高效和可靠地工作。在这两种状态下工作时,流量变化 40%,一般从 1.55 降至 1.17,且要求效率下降不超过 12%~20%。保证核心驱动风扇级性能的关键技术是变弯度进口导叶设计、出口放气系统和与之相配的高压压气机可调静叶的调节。

5.5.2　高效可调面积涡轮导向器

高效可调面积涡轮导向器是所有 VCE 需要解决的一项关键技术。通过改变涡轮导向器面积,可以使发动机在大的增压比范围内以衡定涵道比工作。高压压气机的效率因其在宽广的工作范围内能保持在设定的匹配点而得到保证。这一设计使部分功率下的耗油率比常规高单位推力发动机低 10%~15%。其技术难点是要在高温下工作的调节机构以最小的气动损失达到所要求的流量改变功能。

多数 VCE 采用可调低压涡轮导向器,但 F120 和 COPE 因取消了低压涡轮导向器而采用高压涡轮导向器,因而技术难度更大。一种创新型的凸轮传动蛤壳式机构已经在 COPE 计划中验证了它具有这种能力。

5.5.3　低污染燃烧室

排气污染是 SST 的限制条件之一。SST 在高空中飞行,特别是排气中氮氧化物对臭氧层的破坏更是公众关心的问题。氮氧化物的形成在很大程度上取决于燃烧室内当地温度和油气比。为减少氮氧化物的排放,应避开在化学恰当比下燃烧,尽量在贫油或富油状态下工作。斯奈克玛公司在 MCV99 发动机计划中,研究了 4 种低污染燃烧室方案:预混和预蒸发燃烧室、分级燃烧室(包括内、外分级和前、后分级)、富油/快速掺混/贫油燃烧室和可调喷嘴燃烧室。这些方案对常规亚声速飞机发动机和超声速飞机发动机都适用。斯奈克玛公司在 MCV99 上采用最后一种方案。斯奈克玛公司有这方面的经验,并进行了试验。这项技术除能减少 50% 的氮氧化物排放外,还有燃烧室体积小、油气比范围宽和再点火范围宽的优点,可以补偿结构复杂带来的问题。分级燃烧已在常规亚声速飞机发动机上得到应用,其他两种方案是当前世界各国发动机界研究的重点。

5.5.4　高性能低污染外涵加力燃烧室

高性能低污染外涵加力燃烧室是普·惠公司 VSCE 特有的部件,选用的三级 Vorbix 方案可能全面满足发动机的要求,而且与 VSCE 的结构相适应。普·惠公司在研究外涵加力燃烧室时提出的性能指标是:超声速巡航的推力效率和总压损失分别为 94.5% 和 4.5%,点火油气比 0.002。普·惠公司设计的 Vorbix 外涵加力燃烧室在起飞、跨声速爬升和超声速巡航状态的气动热力参数如表 5-4 所列。超声速巡航和海平面起飞的排气发散指标如表 5-5 所列。

试验证明了这种方案用于 VCE 的可行性。计划的许多目标已经实现,但也发现某些不足。

表 5-4 Vorbix 加力燃烧室的气动热力参数

		起飞	跨声速爬升	超声速巡航
飞行马赫数		0.3	1.3	2.4
飞行高度/m		0	11110	16130
加力燃烧室	进气总压/MPa	0.26	0.182	0.245
	进气总温/K	438	445	604
	空气流量/(kg/s)	247	127	154
	油气比	0.0385	0.030	0.013
	出口总温/K	1603	500	998

表 5-5 Vorbix 加力燃烧室排气污染指标

污 染 物	污染指数/(克污染物/千克燃油)
NO_X	1.0
CO	30.0
THC	2.5
烟(SAE 指数)	15.0

5.5.5 反速度场同心环喷管

反速度场同心环喷管是普·惠公司 VSCE 方案的一种特有技术。这种双流路同心环喷管在两个流路中都有可变面积喉道,带引射/反推力排气系统。

主气流和外涵气流都可单独进行温度和速度调节,可使起飞噪声降低。降低噪声的原理是采用反速度场,即外涵气流速度比主气流的速度高出 50%~70%。这样可以加快排气流与周围大气的混合,使排气速度很快降下来,从而降低噪声。根据喷管模型试验结果,在空气流量和推力水平大致相同的条件下,反速度场同心环喷管比单流路喷管的噪声大约低 8dB。

5.5.6 多变量控制系统

VCE 的控制变量明显多于常规发动机的,图 5-31 示出 IHPTET 计划第二阶段的 XTE76 变循环验证机的控制对象(上)和感受参数(下)。为适应这种多输入和多输出的情况,NASA 主持由通用电气公司发展先进的多变量控制技术,它包括:改进的 H_∞ 技术,这是一种用于控制器降阶的技术;简化的增益调度技术,它比常规方案要求少的调度工作量;一种积分器饱和防护技术,它用于反馈控制器输出和控制对象输入之间的差异,以调节或修正控制器的状态。在日本的 HYPR-T 验证机上也采用类似的多变量控制系统。这种技术已在验证机上得到验证。

此外,为满足高的可靠性和维修性要求,控制系统采用双余度甚至三余度设计。

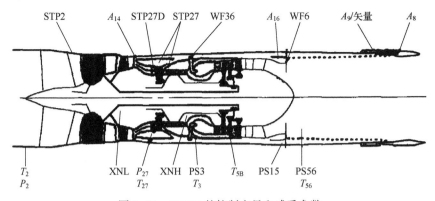

图 5-31　XTE76 的控制变量和感受参数

第6章　预冷却发动机

当传统的燃气涡轮发动机(涡喷和涡扇)飞行速度增大时,发动机的进口总温随之增大,当燃烧室出口温度一定时,消耗在压气机上的功也增大,导致尾喷管用于气流加速的热能越来越小,发动机单位推力和总推力减小。预冷却发动机的基本思路是在高飞行马赫数,对来流进行冷却,使压气机进气总温减小,从而增大发动机推力,拓宽发动机飞行马赫数范围。按照预冷却方式的不同,目前常用的有喷流预冷却、热交换预冷却和磁流体预冷却3种。

6.1　基本原理

由压气机功率的计算公式

$$N_C = W_a \frac{\gamma}{\gamma-1} R T^* (\pi_C^{\frac{\gamma-1}{\gamma}} - 1) / \eta_C$$

可知压气机的总功率与流过压气机的空气流量、总温成正比。随着发动机飞行速度的增加,进口气流温度是不断增加的,空气流量也不断增加,所以压气机所需要的功率会随飞行马赫数的升高而急剧增大。

在燃烧室出口温度不变(最大达到涡轮前最高温度限制)的条件下,压气机功率增加意味着涡轮功也要同步增加,涡轮落压比增大,尾喷管进口压力下降,发动机推力降低。

预冷却的基本思路是设法降低发动机进口气流温度,使空气密度增加,通过发动机的空气流量增加;同时,由于压气机进口气流温度下降,在高速飞行时压气机换算转速得以提升,使压气机工作在性能比较好的区域;再者进口气流温度的下降会使得压气机功下降,所需要的涡轮功下降,在涡轮前温度不变的情况下涡轮落压比下降,尾喷管压力增加、温度增加,有更多的气体热能来产生推力。这三方面的因素均使得发动机推力增大。

以单转子涡轮喷气发动机为例,预冷却前后发动机理想循环对比如图6-1所示。

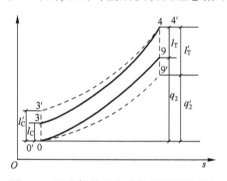

图6-1　预冷却前后发动机理想循环对比

其中:0-3-4-9为没有预冷却的发动机理想循环;

0′-3′-4′-9′为预冷却发动机理想循环。

可以看出:与没有预冷却发动机相比,预冷却发动机给环境的放热量 q_2 明显较没有预冷却的发动机放热量 q_2' 大,意味着发动机的推力要大,耗油率也要大一些。

6.2　喷流预冷却发动机

6.2.1　冷却方案

喷流预冷却(Mass Injection and Precompressor Cooling, MIPC) 发动机概念是由美国MSE 技术公司提出,其结构形式是在常规涡轮喷气发动机的压气机前加装液体喷射系统(图 6-2)。在发动机高速飞行时(马赫数大于 3),喷射液体到进气道,利用液体汽化和蒸发效应降低来流的温度。

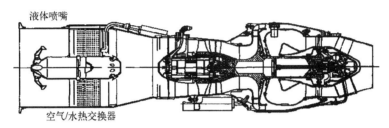

液体喷嘴

空气/水热交换器

图 6-2　喷流预冷却发动机结构

MSE 公司还开展了不同喷液方案对发动机性能的影响研究,主要的思路是在喷水的同时喷入氧化剂,以增大发动机主燃烧室的稳定燃烧性能。这些喷液方案(图 6-3)包括:

(1) 压气机进口喷水+液氧。

(2) 压气机进口喷水+液化空气。

(3) 压气机进口喷水+四氧化二氮。

(4) 压气机进口喷水,加力燃烧室喷过氧化氢。

(5) 压气机进口喷水,加力燃烧室进口喷 N_2O。

结果表明:压气机进口喷水+液氧方案在发动机推力特性、飞机有效载荷待方法较为合理。

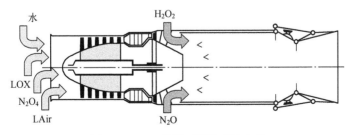

水　　　　　　H_2O_2

LOX
N_2O_4
LAir　　　　　N_2O

图 6-3　MSE 公司不同的喷液方案

6.2.2 性能优势

喷液预冷却发动机对发动机性能的影响如图6-4所示。其中图6-4(a)为发动机推力性能对比,图6-4(b)为发动机比冲性能的对比,喷水方案为保持发动机进口总温度为600K不变。

可以看出,喷水后发动机推力的最高点从马赫数3.0上升至马赫数5.0左右,当马赫数6.0时发动机的推力还能达到设计状态的1.5倍,说明发动机推力性能有了大幅度提高。当然,发动机推力的增加是以比冲性能的降低为代价获得的。但需要说明的是,即使在马赫数5.5时,喷水预冷却发动机的比冲性能也与现代高性能固体火箭发动机相近(图6-4(b)水平虚线所示)。

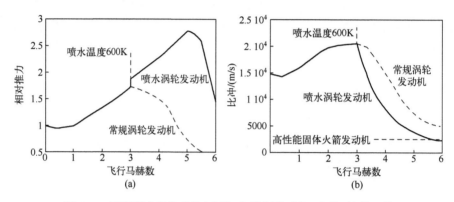

图6-4 喷流预冷却发动机(实线)与常规发动机(虚线)性能比较

对配装喷液预冷却发动机(SteamJet)和固体火箭发动机(SRM)的同一飞行器性能的比较分析(图6-5)表明:到达马赫数6.0时,以火箭发动机为动力的飞行器所用时间为61s,飞行距离为28.8(46.35km),相对剩余质量为46.7%;而以喷液预冷却发动机动力的飞行器所用时间为217s,飞行距离为102.5(164.96km),相对剩余质量为71.1%,相对剩余质量较火箭发动机为动力的飞行器高52.2%。所以喷液预冷却发动机比火箭发动机航程更远,有效载荷更大,适合作为远程高超声速飞行器的动力装置。

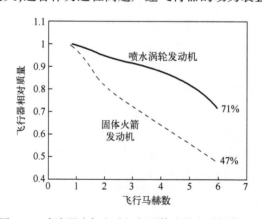

图6-5 喷液预冷却发动机与固体火箭发动性能比较

6.2.3 技术优势和潜在应用

喷流预冷却发动机的技术优势如下：

（1）能够显著提高发动机的单位推力，单一的涡轮喷气发动机即可完成飞行器从地面静止状态加速到马赫数6.0过程，较组合发动机方案更简单，费用更低。

（2）扩展了发动机的使用范围，使得飞行器在高速飞行时依然可以有比较高的单位推力和理想的加速性能。

（3）由于推力较大，在组合发动机中采用喷流预冷却技术可以减小涡轮发动机的截面尺寸，减小飞行器的飞行阻力。

（4）技术成熟度高，风险小，发展费用低。

（5）可以以较低的费用和风险实现飞行器的高超声速飞行。

6.3 热交换预冷却发动机

与美国的喷流预冷却不同，日本的ATREX发动机采用换热预冷却方式（图6-6）。

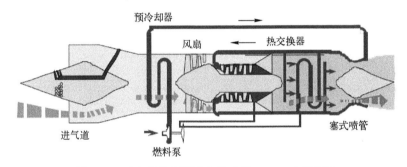

图6-6 日本的换热预冷却发动机（ATREX）原理图

该发动机采用液氢作为燃料（同时也是冷却剂），在燃料进入燃烧室之前，先在进气道中通过热交换器与高温空气进行换热，使来流温度下降，从而降低压气机功，增大发动机推力。冷却进气道气流后的冷却剂对燃烧室机匣进行冷却，之后进入涡轮，给涡轮做功后进入燃烧室进行燃烧。该发动机具有最大马赫数6的工作能力。该发动机关键技术有冷却器设计、可调的中心锥体进气道设计、发动机部件设计以及发动机调节控制技术等。

6.3.1 发展历史

日本的ATREX发动机冷却器的发展历史如表6-1所列。

最初设想的预冷却器只在高超声速时工作，以保护风扇正常工作。但性能计算表明，预冷却器从飞行器起飞即开始工作，可以提高发动机性能。通过对几种预冷却器方案如壁面冷却和管流冷却分别置于亚声速流和超声速流中的仔细研究，最终选择了一种壳体—管道形式的预冷却器方案，并在超声速风洞进行了试验。该冷却器安装于进气道的后方，冷却介质为液氮。1992—1994年开展了大量的冷却试验研究，包括不同的缩比模型、不同的管道形状（圆管、椭圆管等）以及不同的管道排列（交错排列、并行排列等）。

表 6-1　日本 ATREX 发动机预冷却器的发展历史

	1992—1994	1995	1996	1998	1999—2003
基础研究	缩比试验			结霜及消霜系统研究	
ATREX-500 热试车	概念设计	预冷却器Ⅰ	预冷却器Ⅱ	预冷却器Ⅲ	带消霜系统的预冷却器Ⅲ
ATREX 热试车		ATREX-7 ATREX-8	ATREX-9	ATREX-10	ATREX-11 ATREX-12 ATREX-13 ATREX-14

1995 年开始,分别进行了三种冷却器的试验。Ⅰ型主要用来验证发动机推力和比冲分别提高 2 倍和 1.2 倍的能力,但试验期间焊点发生了泄露。在改进了相关技术后以研制了Ⅱ型冷却器,其中主要改进是采用了能减小管道应力的 U 形管。Ⅲ型主要考虑飞行器的安装问题,管道壁厚只有 2mm,间隔为 1mm,结果发生严重的结冰现象,降低了热交换效率,阻塞了气流通道。初步的解决方案是采用液氢/液氧冷却剂,并采用甲醇消霜措施。三型冷却器的设计参数如表 6-2 所列,结构图如图 6-7 所示,Ⅲ型冷却器的实物照片如图 6-8 所示。

表 6-2　三型冷却器的设计参数

	单位	Ⅰ型冷却器	Ⅱ型冷却器	Ⅲ型冷却器
冷却管				
外径	mm	3	5	2
厚度	mm	0.15	0.3	0.15
长度		820	820	525
周向管道数量		280	176	376/436/524
径向管道数量		24	18	4/5/6
管道总数		6720	3168	13464
换热面积	m^2	51.9	40.8	44.4
换热面积/体积	m^2/m^3	338	265	553
冷却通道数		8	6	6
支承板数量		2	4	4
气流与管道夹角	(°)	70	90	90
焊接点数量		13440	3168	13464
热通量		1207	1004	1315
总重	kg	262	269	134
管道单元(多模块)	kg	170	176	82
外套	kg	72	75	34
模块连接	kg	20	18	18

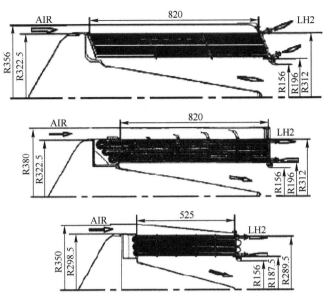

图 6-7 冷却器的结构图(从上到下依次为Ⅰ、Ⅱ、Ⅲ型)

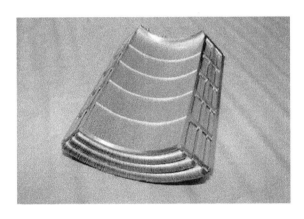

图 6-8 Ⅲ型冷却器的实物照片

6.3.2 冷却器的试验

从 1995 年开始,日本宇航探索局在 Noshiro 试验中心在 ATREX 发动机上对设计的冷却器开展了大量的试验研究,其中 ATREX 发动机长度为 5.0m,风扇进口直径为 0.3m。试验情况如表 6-3 所列。Ⅰ冷却器将亚洲温度降低到 180K,发动机性能也得到大幅提升,但由于冷却器表面结霜使得换热效率较理论值低了 15%~20%。在 ATREX-8 发动机第 4 次试验后,约 1/4 的冷却管道发生了冷却剂泄露。改进的Ⅱ型试验器解决了此问题。Ⅲ型冷却器主要开展了消霜试验研究,共进行了 23 次试验,持续 1619s,没有发生大的结构性损伤问题,并且换热效率也得到大幅度提升,但进气道总压损失和温度畸变有所增大。为了减小总压损失和温度畸变,又开展了大量的消霜剂喷射方式的试验研究。

发动机的试验照片如图 6-9 所示,几次试验情况和结果如表 6-3、表 6-4 所列。

图 6-9　ATREX 发动机试验照片

表 6-3　日本主要冷却器试验情况

冷却器	发动机	日期	次数	持续时间/s	车次/冷却剂/消霜剂
I	ATREX-7	1995.09	1	50	1/无冷却
	ATREX-8	1995.11	6	365	2/液氢 4/液氢
II	ATREX-9	1996.01	7	420	1/无冷却 6/液氢
III	ATREX-10	1998.09	5	320	1/无冷却 2/液氢
	ATREX-11	199.01	5	377	1/液氢 3/液氢/液氢 4/液氢/液氧
	ATREX-12	2001.08	2	120	2/液氢/甲醇(液体)
	ATREX-13	2002.09	7	484	7/液氢/甲醇(液体)
	ATREX-14	2003.08	4	310	2/液氢/甲醇(液体) 2/液氢/甲醇(气态)

表6-4 发动机试验结果

试验	ATREX-10	ATREX-12-1	ATREX-12-2	ATREX-13-2	ATREX-13-3	ATREX-13-4	ATREX-14-1	ATREX-14-2	ATREX-14-3	ATREX-14-4
日期	1998.09.17	2001.08.31	2001.09.03	2002.09.24	200.09.26	2002.09.29	2003.07.31	2003.08.01	2003.08.05	2003.08.06
持续时间	60	75	37	44	70	90	70	70	90	80
大气温度/K	294.3	302	300	295	297	295	297	301	300	302
湿度/(g/kg)	13.0	12.4	14.0	8.1	6.8	11.6	11.1	12.9	12.6	13.7
甲醇喷射方式	无	并行	并行	冲击	冲击	冲击	支板	支板	气态	气态
甲醇流量	—	0.428	0.221	0.124	0.110	0.132	0.0685	0.0798	0.0539	0.0538
风扇转速/(r/m)	17700	17300	16900	16700	17600	17600	14700	16900	15200	16900
发动机推力/N	2940	2860	3430	3210	3540	3360	2400	2770	2400	2700
发动机比冲/(N·s/kg)	10700	10200	12600	1200	13700	13500	16300	15700	14800	15200
液氢流量/(kg/s)	0.274	0.292	0.272	0.267	0.258	0.249	0.147	0.176	0.162	0.178
空气流量/(kg/s)	5.05	6.21	5.97	6.60	7.28	6.64	6.17	6.58	6.05	6.79
风扇进口气流温度/K	206	203	207	191	190	195	201	200	220	195
压力损失系数	177.0	101.6	72.1	39.6	49.7	57.7	36.2	43.5	45.9	55.8
热通量/(液氢,kW)	820	1027	1044	985	937	931	565	696	640	704
热通量/(空气,kW)	444	617	555	684	782	660	592	665	486	680

6.4 磁流体预冷却发动机

6.4.1 磁流体能量旁路

为满足涡轮发动机燃烧室中燃料和空气充分混合和稳定燃烧的要求,燃烧室入口处的马赫数往往也被限制在一定的范围之内。随着飞行器飞行范围向高超声速区域扩展,来流马赫数提高,气流在进气道中所需要进行的压缩程度不断增加,温度也随之不断升高,一方面温度过高气体发生热离解不利于燃烧;另一方面,燃烧室入口气流温度越来越逼近燃烧室中的最高加热温限,这就限制了可向燃烧室加入的热量,从而导致发动机的单位推力急剧降低。

为了使冲压发动机在更宽广的飞行范围内工作,俄罗斯学者提出 AJAX 计划,其主要思想为磁流体能量旁路(MHD energy-bypass),如图 6-10 所示,磁流体能量旁路分为两个主要组成部分,首先是磁流体发电,即利用磁流体发电器从高焓气流中提取能量转换为电能,使进入发动机的气流速度、温度降低,气流温度的降低可以使发动机在更高的飞行马赫数下工作;其次是磁流体加速,即在燃烧室后,磁流体加速器通过洛仑兹力的作用方式把从进气道提取的一部分能量注入到燃气中,增大推力,提高发动机性能。

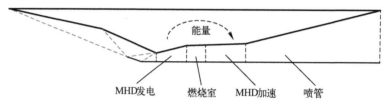

图 6-10　AJAX 的磁流体能量旁路

磁流体能量旁路的思想也可用于涡轮发动机预冷却。美国 NASA 格林研究中心提出一种利用磁流体效应与传统涡轮发动机组合实现高超声速发动机的研究方案,该研究方案计划使涡轮发动机的工作范围从马赫数 3 扩展到马赫数 7。方案示意图如图 6-11 所示,磁流体涡轮组合发动机由磁流体发电通道、磁流体流动控制通道、涡轮发动机、等离子体发生器、拉瓦尔喷管、磁流体加速通道、扩张喷管等组成。

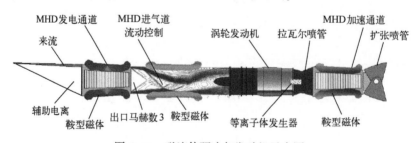

图 6-11　磁流体预冷却发动机示意图

当来流马赫数大于 3 后,对气流进行辅助电离,利用前置的磁流体发电通道从高焓气流中提取部分能量,使气流经过磁流体发电通道后,速度下降到马赫数 3 以下,减小进入燃烧室的气流总焓,增加向燃烧室可加入的热量,使涡轮发动机能够正常有效的工作。在涡轮发动机进口前,磁流体流动控制通道对气流实施主动流动控制,使进入发动机的气流符合发动机的工作要求,提高超声速进气道非设计状态性能,减小总压损失及在相同的气流压缩水平下减小熵增。从磁流体发电通道提取的能量转化为电能后,一方面可以为机载用电设备提供电能;另一方面,提取的电能用于涡轮发动机拉瓦尔喷管后的磁流体加速通道,对经拉瓦尔喷管加速后的气流进一步的加速。磁流体加速通道中,气体的电离通过等离子体发生器如喷射碱金属等方式来实现。目前,NASA 正在考虑进行地面示范验证试验计划,在仿真方面,正在开发考虑磁流体方程的计算程序。

到目前为止,对于飞行包线范围非常宽的高超声速飞行器来说,还没有一种发动机能独立完成推进任务,目前的研究方案一般提出利用两种以上的发动机组合起来作为高超声速推进动力的构想,研究较多的高超声速飞行器组合动力包括涡轮冲压组合循环动力装置与火箭冲压组合循环动力装置两种,磁流体涡轮组合发动机有可能大大扩展现有航空涡轮发动机的使用范围,独立完成飞行马赫数从亚声速、跨声速、超声速扩展到高超声速的推进任务,是高超声速飞行动力装置新途径之一。

6.4.2 性能变化规律

带有能量旁路的冲压发动机的性能估算曲线如图 6-12 所示。

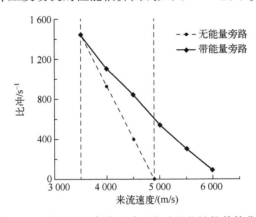

图 6-12　带有能量旁路的冲压发动机的性能估算曲线

在来流速度大于 3500m/s 时,带有能量旁路的冲压发动机性能是具有优势的,这主要是因为在燃烧室前面取出能量的同时也改变了气流流场的分布。以往只能通过激波作用来改变流场的进气道压缩过程,而今则得以和能量取出过程结合在一起共同来发挥对流场的控制作用,这势必减轻了进气道中的气流压缩程度。进气道的部件效率是和气流的压缩程度紧密相关的,降低气流经过激波的压缩程度,必然提高进气道的部件效率,从而改善发动机的整体性能。随着来流速度的不断提高,仅仅利用激波压缩作用获得的流场已不能满足燃烧室入口处流场分布的要求,速度高于 5000m/s 后一般冲压发动机的性能已降低到不可接受的程度。

可见,带有能量旁路的冲压发动机在改善发动机在高速区内的性能,扩展发动机的工作范围方面具有明显的优势。

第7章　火箭发动机

火箭发动机的特点是自身携带推进所需的全部能源和工质,靠高速排出的工质产生的反作用力进行工作。因此,火箭发动机也是一种热力机械,它必须在能源和工质二者均具备的条件下才能工作。火箭发动机的能源是推进剂所蕴含的化学能,火箭发动机的工质则是推进剂燃烧后产生的燃烧产物,它是热能和动能的载体。

7.1　工 作 原 理

7.1.1　工作过程

火箭发动机的工作过程,实质上就是把推进剂的化学能转变为燃烧产物的动能,进而转变为火箭飞行动能的一种能量转换过程。

火箭发动机系统所携带的推进剂由氧化剂和燃烧剂组成,它们在燃烧室中被点燃而进入燃烧过程。燃烧是一种剧烈而复杂的化学反应,通过燃烧,推进剂中蕴藏的部分化学能就转变成为燃烧产物的热能,表现为火箭推进剂在燃烧室内变成了高温(2000~3500K)、高压(4~20MPa)的燃烧产物(主要是双原子和三原子的气相成分,有时也会有少量凝相成分)。燃烧产物的热能包含内能和势能两项,用状态参数焓来表征。

作为工质的燃烧产物从燃烧室流入喷管。喷管是具有先收缩后扩张的管道,燃烧产物在这种喷管内得以膨胀、加速,最后以比声速高数倍的速度从喷管出口喷出。此时,喷管入口处燃烧产物的热能又部分地转变成为喷管出口处高速喷射的燃烧产物的动能。凭借这种动能对火箭发动机产生的反作用力(即发动机的推力)推动火箭运动,最后转化为火箭飞行的动能。

图7-1所示是火箭发动机的能量转换过程示意图。

图7-1　火箭发动机的能量转换过程示意图

7.1.2　基本组成

由上述分析可知,火箭发动机的能量转换过程实际上包含了燃烧室内推进剂的燃烧过程和喷管内燃烧产物的流动过程两大部分。为了保证这一转换过程的实现,火箭发动机必须具有以下四个基本组成部件:

(1)推进剂,它为上述转换提供能源和工质。

(2)燃烧室,它为燃烧过程提供场所。

（3）喷管，它为流动和膨胀过程提供场所。

（4）点火装置，它为推进剂的正常点燃提供条件。

对于液体火箭发动机来说，推进剂则是分别贮存在燃烧室（常称为推力室）以外的氧化剂和燃烧剂的贮箱内。为了将它们送入推力室内燃烧，还必须有一套输送系统（图7-2），包括各种活门、减压器和管道等。为了发动机能够固定和长时间工作，还需要有固定各零部件的发动机架以及发动机的冷却系统等。对于采用自燃型推进剂的液体火箭发动机，有时可不需要专门的点火装置。

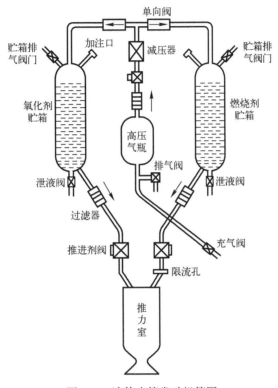

图 7-2　液体火箭发动机简图

对于固体火箭发动机来说，推进剂是预先放置在燃烧室内的固体装药，装药可以是壳体黏结式的（图7-3），也可以是自由装填式的。如果是后者，则还可能需要挡药板和药柱支承装置等附件。有的固体火箭发动机还需要有推力矢量控制装置，以及推力终止、推力反向等装置。为了与弹体连接，在燃烧室筒体的前、后端有时还设置有连接裙。

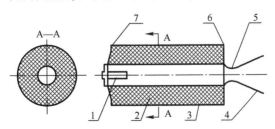

图 7-3　固体火箭发动机简图

1—点火器；2—固体装药；3—燃烧室壳体；4—喷管；5—喉衬；6—后连接裙；7—前连接裙。

7.2 固体火箭发动机

固体火箭发动机是化学火箭发动机大类中最简单的一类。它使用固体推进剂,含有氧化剂和燃料的固体推进剂以一定的形状和尺寸全部装入发动机的燃烧室内。所以,它比同一大类中的液体火箭发动机要简单得多,体积和结构质量也小得多。

7.2.1 主要特点

固体火箭推进系统的特点主要体现在固体火箭发动机的特点上。它与液体火箭发动机比较,有如下优点:

(1) 结构简单。固体火箭发动机不仅结构组成简单,而且零部件数量少。除带有推力矢量控制装置活动喷管类有活动件外,固体火箭发动机几乎没有活动部件,更没有液体火箭发动机系统的诸如推进剂贮箱、种类和数量繁多的阀门及管路之类的零部件。

(2) 使用与维护方便。固体火箭发动机使用方便,勤务处理简单。它不需要液体火箭发动机那样有很多的检查、加注、吹除、预冷、泄放及过多的维护工作。固体推进剂装药或自由装填或浇注成型,均可长时间贮存,随时准备待发,所以使用非常方便。

(3) 可靠性高。固体火箭发动机结构简单,零部件数量少,由系统可靠性可知,单个零件的可靠性高,且系统内组成零部件数量越少,则系统的可靠性越高。现代固体火箭发动机的可靠度已高达99%以上,它高于液体火箭发动机的可靠性。

(4) 质量比高、体积比冲高。由于固体推进剂密度大,而且固体推进剂全部直接装入发动机燃烧室内,随着发动机壳体材料性能不断提高,因而固体火箭发动机具有较高的质量比(即推进剂质量与发动机总质量之比)。同理,使得固体火箭发动机比液体火箭发动机具有较小的体积,故体积比冲大。

(5) 加速性能好,能快速响应攻击目标。由于结构简单,勤务操作简便,发射准备时间短,地面设备少易于进入和撤出阵地。

(6) 成本低。不论是制造成本还是使用成本都比液体火箭发动机的成本低得多。

当然固体火箭发动机和液体火箭发动机相比较,它也有缺点或不足之处,例如:

(1) 比冲较低。固体推进剂的能量一般低于液体推进剂。固体推进剂的比冲范围一般在 $2000 \sim 3000\text{N} \cdot \text{s/kg}$,而液体火箭发动机推进剂的比冲约在 $2500 \sim 4600\text{N} \cdot \text{s/kg}$。所以,提高固体推进剂的比冲是固体推进技术的发展方向之一。

(2) 工作时间较短。这是由于固体火箭发动机难以实施冷却措施和装药尺寸的限制所决定的。即便是固体火箭发动机采用高强度耐热结构材料和采取热防护措施,也难耐在高温高压和高速流动燃气流作用下较长时间工作。由于固体推进剂是以一定几何形状和尺寸全部贮存在燃烧室内,因而制约了装药量。目前,固体火箭发动机的工作时间最长不超过几分钟。

(3) 推力大小的可调性差。固体火箭发动机的装药一定,则点火工作后,就按预定的推力方案工作,直到燃烧结束。其间很难调节推力大小,目前多次启动也难实现。

(4) 发动机性能受外界环境温度影响较大。这是由于固体推进剂的燃速受外界环境(初温)的变化而变化,因而使发动机的性能也相应发生变化,诸如发动机的工作压力、推力和工作时间也都发生变化。

（5）保证发动机稳定燃烧的临界压力高。固体推进剂的临界压力较高，其中以双基推进剂的临界压力最高，甚至在 $6\sim7MPa$。若低于这个范围，发动机就不能正常或稳定燃烧，而且还会增大发动机的结构质量，增大消极质量。

以上谈到的固体火箭发动机的缺点和不足，只是相对于液体火箭发动机的特点而言。由于固体火箭发动机的突出优点，固体火箭发动机在火箭、导弹的动力装置中占有重要地位，应用广泛，而且在运载火箭、航天器和航天飞机上也得到应用。

7.2.2　固体火箭发动机主要组成

固体火箭发动机主要由固体推进剂药柱、燃烧室壳体、喷管和点火装置等组成。图 7-3 所示为一固体火箭发动机组成示意图。

装药是装入燃烧室中的具有一定形状和尺寸的固体推进剂药柱的总称。它是固体火箭发动机的能源。药柱装入燃烧室有自由装填和浇铸两种方式。自由装填的药柱是压伸成型，也有浇铸成型连同外面的预包装（包覆层）一起自由装入燃烧室的；而浇铸成型泛指将固体推进剂（粥状）直接浇注到燃烧室壳体内，固化成型。

燃烧室是装药贮存和燃烧的场所。燃烧室由承载作用的燃烧室壳体和起热防护作用的内绝热层组成，而燃烧室壳体一般由筒体和前、后封头构成。

喷管是发动机组成中精度要求高的构件。喷管的作用是使燃气流膨胀加速和控制燃气流量，使燃烧室保持一定的工作压力。对于有推力矢量控制装置的固体火箭发动机系统，喷管是活动的，能够提供控制力。喷管结构由喷管壳体和热防护层组成。

点火装置是固体火箭发动机工作的启动装置。点火装置为发动机装药提供一定的初始热量和点火压力，能点燃装药并保持稳定燃烧。

7.2.3　固体火箭发动机分类

由于用途不同，固体火箭发动机的结构形式种类较多，发动机的分类也有多种方式，如按照推进剂的种类、药柱装填方式、发动机的结构尺寸、发动机推力方案及喷管结构等分类。

1. 按药柱的装填方式分类

按药柱的装填方式分类，固体火箭发动机可分为自由装填式和铸装式。

自由装填式的药柱通常采用压伸成型（用双基推进剂），有时也有用模具浇注成型。其外面带有包覆层，然后再装入燃烧室内，从制造工艺性来讲，生产经济性好、贮存时安全性好。对压伸成型的双基药药柱，它具有较好的力学性能。但自由装填药柱发动机，要求药柱的装配有轴向支承和径向支承，而且还要考虑轴向支承中的一端应具有弹性支承。

铸装式是指将固体推进剂直接浇注到燃烧室内再经固化成型。在浇注前，燃烧室内壁表面要进行热防护处理，黏贴绝热层和包覆层，故这类发动机又称壳体黏结式。这种结构的发动机药柱尺寸可不受工艺条件限制，燃烧室壳体不与高温燃气直接接触，药柱与壳体互为支承，因而它多用于大推力、工作时间长的大型固体火箭发动机上。其推进剂为复合推进剂和改性双基推进剂，为避免药柱与壳体脱黏，往往要设计应力释放罩。弹道式导弹的固体火箭发动机多采用铸装式发动机。

2. 按推进剂种类分类

按推进剂种类分类方式分类,固体火箭发动机可分为复合固体推进剂火箭发动机、双基固体推进剂火箭发动机和改性双基固体推进剂火箭发动机。

3. 按药柱种类分类

按药柱种类方式分类,固体火箭发动机可分为端燃药柱式、内燃药柱式和内外燃药柱式等。端燃药柱式的发动机,由于端燃药柱的燃烧面的限制,发动机的推力小,因此适用于小推力、长工作时间的场合;内燃药柱式多用于较大推力且工作时间较长的场合;内外燃药柱式发动机适用于大推力和短工作时间场合。

表7-1列出了按药柱结构分类的三种发动机的特点和适应范围。

表 7-1 按药柱结构分类的三种发动机的特点和适用范围

发动机结构形式	药柱燃烧部位	燃烧恒面性	发动机工作特点	发动机适用范围
端燃药柱式	后端面	恒面	推力小,工作时间长	反坦克导弹续航发动机、各种燃气发生器和飞机助推器等
内燃药柱式	内表面	恒面或增、减面	推力较大,工作时间长	各类导弹的主发动机
内外燃药柱式	内表面和外表面	恒面或增、减面	推力大,工作时间短	各类野战火箭和导弹助推器

4. 按喷管数目分类

按喷管数目分类,固体火箭发动机可分为单喷管式和多喷管式。一般固体火箭发动机多为单喷管式;但当固体火箭发动机的结构长度受限制时,当推力矢量控制系统需要喷管来提供控制力时,当需要发动机提供旋转时,常采用多喷管的结构形式。

5. 按喷管的安装方式分类

按喷管的安装方式分类,固体火箭发动机可分普通喷管式发动机和潜入喷管式发动机。一般固体火箭发动机多采用普通喷管式,而当固体火箭发动机长度受限制时,在大型固体火箭发动机中常采用潜入喷管式发动机。

6. 按推力级数分类

按推力级数分类,固体火箭发动机有单推力式和双推力式之分,一般为单推力式,但在一些小型战术导弹上有双推力发动机结构。双推力发动机又有单室双推力和双室双推力两种形式。

双推力发动机的第一级推力较大,称为起飞级;第二级推力较小,称为续航级。

7.2.4 固体推进剂

固体推进剂是发动机的能源,又是工质源。它在燃烧室中燃烧,将推进剂的化学能释放出来,转换为热能,以供进一步的能量转换。同时,燃烧生成的燃烧产物又是能量转换过程的工质。它作为能量载体,携带热能,在流经喷管的过程当中,膨胀加速,将热能转换为燃气流动的动能,使燃气以很高的速度喷出喷管,形成反作用推力。这就是固体火箭发动机的能量转换过程。作为能源和工质源的固体推进剂从根本上决定了发动机的能量特性,并在一定程度上影响能量转换过程的效率,因而成为发动机的重要组成部分。

固体推进剂是以燃料和氧化剂为主,兼有多种添加成分的多组元物质,按照推进剂的细微结构,固体推进剂可作如图7-4所示的分类。

所谓均质推进剂,其氧化剂和燃烧剂都处于同一相中,结构如胶体,在同一分子中既包括燃烧剂又包括氧化剂。在均质推进剂中燃料组元和氧化剂组元互相均匀结合,其组成成分和性能在整个基体上都是均匀的。其中单基推进剂是以硝化纤维

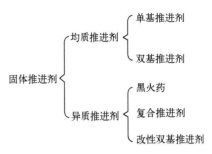

图7-4 固体推进剂分类

素为基本组元的胶体结构,双基推进剂是以硝化纤维素和硝化甘油为基本组元的胶体结构。两者都是均质推进剂。在异质推进剂中情况就与此相反,其组织结构不均匀。燃料和氧化剂虽然也要求掺混均匀,但只能在微细颗粒的基础上尽量均匀。从细微结构来看,其组成和性质是不均匀一致的,是机械的混合物。黑火药是一种典型的异质推进剂,由硫磺、木炭和硝酸钾组成的机械混合物。改性双基推进剂是在双基推进剂的基础上加入某些异质成分来改善双基推进剂的性能,因而也属于异质推进剂。

而航天器用固体火箭发动机多采用高能复合推进剂,常用的复合推进剂的分类如图7-5所示。

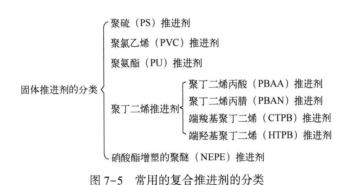

图7-5 常用的复合推进剂的分类

为了保证发动机的性能,对推进剂提出了一系列的基本要求。现分述如下。

1. 能量特性

保证发动机装置具有高的能量效率,是对推进剂最重要的要求,应能在大密度的条件下保证获得高比冲。

固体火箭发动机燃烧室不仅要承受很高的压强,而且还装入了全部所需的推进剂,因而推进剂的密度将对发动机和火箭的整体指标产生重要影响。在推进剂质量一定的情况下,提高推进剂的密度会减少燃烧室的容积和质量。固体推进剂本身的密度在 $1.4 \sim 1.9 \text{g/cm}^3$ 范围之内。

尽量提高比冲是研究新的固体推进剂的主攻方向。这时重要的限制条件是固体推进剂必须同时获得足够好的内弹道性能、力学性能、工艺性能和其他一些性能。

2. 内弹道特性

燃速是确定内弹道过程最重要的推进剂特性。在额定压强下,它应当足以达到发动机装置所要求的性能。例如,在某些情况下,固体火箭发动机可能要求短时间大推力并承

受很大的过载。这时根据强度要求不允许采用增大燃烧面的多根药柱。可能接受的解决方式是采用贴壁装药形式,而这时在燃烧面受到限制的条件下,必须以高燃速去保证所需的燃气生成量。

有时也需要比较小的燃速,以满足长时间工作的需要。为了完成复杂的飞行方案,在同一台发动机中,药柱可能由不同燃速的推进剂构成,例如在多级推力的发动机中,短时间的起飞应具有大推力,长时间的续航则要求有小推力。

在要求的燃烧室压强下,包括在比较低的压强下,推进剂应当保证稳定而有规律的燃烧。这就能够对于一级或二、三级推力的固体火箭发动机进行工作压强的优化选择。为了提高工作的稳定性,要求压强和药柱初温在整个使用范围内对燃速影响最小。而有时为了进行推力调节又要求压强对燃速影响强烈一些,例如,依靠改变喷管喉部面积去进行推力调节的发动机。

固体火箭推进剂一个非常重要的特点,就是同一个配方或者是同一个批次的推进剂,其燃速数值也是分散的。这就是说,应该要求推进剂的燃速特性具有良好的重现性。

3. 物理—力学性能

推进剂的物理—力学性能应当保证能够制造出药柱所需的外形,并且在贮存、点火和燃烧过程中能保证给定的药柱形状和密实性。为了使贴壁装药的推进剂在热应力或在压力与飞行过载的作用下,同壳体一起变形时不引起药柱的破坏,推进剂应当具有足够的强度。固体推进剂热导率的数值大约在 $0.2\sim0.3\mathrm{W}/(\mathrm{m\cdot K})$ 范围之内,即大致为钢的 $\dfrac{1}{100}$,所以它能够很好地防止高温燃烧产物对发动机燃烧室壁的作用。但是在这种情况下,当周围环境温度变化时,固体药柱中将发生热应力,可能会引起它们产生裂纹。

同燃烧室壁结合的药柱,除了热应力之外,还有由压力和因为固体推进剂与壳体线性膨胀系数不同而引起的机械应力。点火时由于热的和机械的冲击,在固体药柱中将产生危险的热应力和机械应力,尤其当初温较低时更是危险。除此之外,在过载的作用下,药柱也会产生应力。

对固体推进剂物理—力学性能水平的要求,取决于壳体的材料。壳体的刚性越低,对推进剂允许变形的要求就越高。

作为固体推进剂的主要力学性能,通常要考虑推进剂的强度极限(固体推进剂的拉应力)、延伸率和弹性模量。这些性能在很大程度上取决于推进剂的配方、工艺特点和药柱的温度。

在研究推进剂的配方时,要考虑在低温下需要有足够的药柱弹性,而在最高温度条件下要有很高的强度,这是在给定的温度范围内保证动力装置工作能力的条件之一。

4. 其他要求

经济性具有很大的意义,最好是:推进剂的组分既不稀缺又不贵;按需要的规模,使用起来方便易得,即药柱的制造工艺不太复杂,不昂贵,能够进行批量生产。

在贮存和使用的条件下,固体推进剂的物理—力学性能指标、内弹道性能指标和能量指标的稳定性具有特殊的意义。推进剂的安定性决定了它的有效贮存期。一方面,推进剂的化学分解和推进剂中各组元之间的相互反应是主要受限制的因素;另一方面是物理过程,它们表现在塑性变形中、在药柱中形成裂缝以及扩散过程。经常是化学变化和物理变形同时发生,引起推进剂的老化。根据国外的资料,在15～20年的期限内药柱仍然可以使用。

对于所有的固体推进剂,不论在贮存的条件下,还是装在发动机中准备使用的条件下,都要根据物理—力学性能所要求的内弹道特性和药柱尺寸,规定其允许的温度变化范围。在某些情况下,这个范围可能很窄,以致火箭只能在某种特殊的条件下使用。在药柱运输时,也应采取必要的措施。

7.2.5 药柱设计

药柱是装填入燃烧室中具有一定形状和尺寸的推进剂装药的总称,它是发动机的能源和工质源。药柱的几何形状和尺寸决定了发动机的燃气生成率及其变化规律,从而也决定了发动机的推力、压强随时间的变化规律。在固体火箭发动机中,推力、压强随时间的变化规律,根据药柱几何形状和尺寸的不同分为三种情况:等面药型燃烧的等推力(或压强)、减面药型燃烧的递减推力(或压强)和增面药型燃烧的递增推力(或压强),如图7-6所示。因此,按燃烧面积的变化规律,药柱可分为等面、减面和增面燃烧药柱三大类。在具体设计中选择药柱的几何形状态选择需要综合考虑发动机的内弹道特性、药柱的结构完整性、药柱的工艺性等因素。

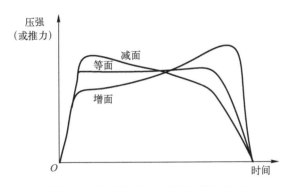

图 7-6　装药药型与内弹道特性的关系

常用的固体火箭发动机部分药型示意图如图7-7所示。

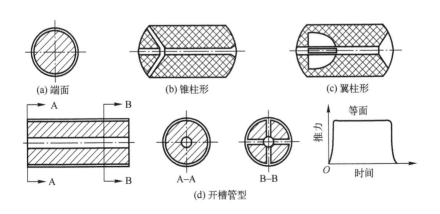

121

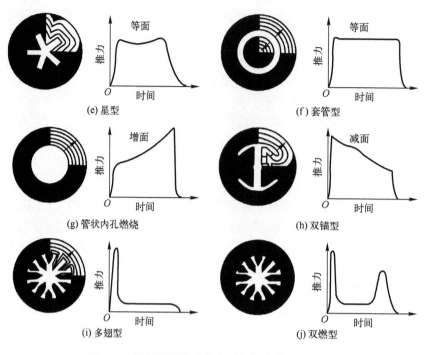

图 7-7　常用的固体火箭发动机部分药型示意图

7.3　液体火箭发动机

液体火箭发动机是发展得最完善且应用广泛的一种化学能火箭发动机。液体火箭发动机是液体弹道导弹、液体运载火箭及航天飞行器的主要动力装置。

7.3.1　发展简史

液体火箭技术比起固体火药和固体火箭技术的发展历史要晚得多。1903 年俄国科学家齐奥尔科夫斯基提出使用液体推进的设想,其后美国的戈达德和德国的奥伯特等也相继提出用液体火箭发动机作为航天推进系统的设想。1926 年戈达德研制成功以液氧/汽油为推进剂的液体火箭发动机,并成功地进行了试验飞行。

液体火箭发动机首先成功应用在导弹武器上是在第二次世界大战后期,德国研制成功世界上第一枚使用液体火箭发动机的弹道导弹 V-2。该弹上的液体火箭发动机是以液氧/酒精为推进剂,采用泵压式推进剂供应系统。可以说,液体火箭发动机在 V-2 导弹上的成功使用,开创了发展现代液体火箭的历史。第二次世界大战后,美国和苏联在德国 V-2 导弹液体火箭技术的基础上,不断发展液体火箭技术,分别研制出第一代以液氧/煤油、液氧/酒精为推进剂的大推力火箭推进系统,并用于第一代战略导弹上。此后,为了改善导弹武器的战术技术性能,缩短发射准备时间和提高生存能力,研制了可贮存推进剂液体火箭发动机。

20 世纪 50 年代至 60 年代,液体火箭推进技术迅速发展,在人类的航天发展史上开创了新纪元。美国和苏联将战略导弹上用的液体火箭发动机采用组合方式,发展了大推力的液体运载火箭推进系统。1957年10月苏联用大型运载火箭(包括20个液体主发动机和12个游动发动机)成功发射了世界上第一颗人造地球卫星,并于1961年4月发射了载人飞船。美国也用中程导弹和地—地战略导弹的液体火箭推进系统改作运载火箭的第一级推进系统。在20世纪60年代,美国和苏联等国家研制成功四氧化二氮/偏二甲肼(或一甲肼、混肼-50)等可贮存液体推进剂火箭发动机。它不但改善了弹道导弹的使用性能,而且成为新一代液体运载火箭的推进系统。与此同时,在这段历史时期,美国和苏联等国又研制了采用可贮存液体推进剂的运载火箭大推力助推级液体火箭推进系统、液氧/液氢推进剂的上面级推进系统,以及各种类型的单组元(如肼、过氧化氢等)和双组元可贮存液体推进剂的姿态控制发动机。

中国在这一时期也先后研制出多种型号可贮存液体火箭推进剂发动机,如YF-2、YF-3、YF-20、YF-22和YF-23等,并用组合方式研制成长征运载火箭系列,如CZ-1、CZ-2运载火箭推进系统,并于1970年用CZ-1运载火箭成功发射了中国第一颗人造地球卫星。

20世纪70年代至80年代,是世界各国竞相发展航天技术的时代。此间美国、苏联、西欧及日本等国家和地区集中精力研制具有高室压、大推力、高可靠性及可重复使用等为特点的液体火箭发动机,以适应航天活动发展对大型运载火箭和天地往返运输系统的推进系统的需求。其中有代表性的是美国的高性能且可重复使用的液氧/液氢推进剂航天飞机主发动机(SSME);西欧研制出的"阿里安"(ARIANE)系列运载火箭的第一级主发动机;日本研制出的H-Ⅱ运载火箭第一级推进系统LE-7氢氧发动机;苏联研制的用于"天顶号"运载火箭第一级推进系统RD-170液氧/煤油发动机和"能源号"运载火箭第一级推进系统用的RD-0120氢氧发动机。

中国在此期间研制出高性能且能二次启动的YF-73、YF-75氢氧发动机。它们作为CZ-3系列运载火箭的第三子级推进系统。中国还研制成功YF-40液体火箭发动机,该发动机可二次启动,是双组元自燃推进剂空间发动机。它作为CZ-4A系列运载火箭的第三子级推进系统。

20世纪90年代以后,液体火箭发动机的重点是研制可重复使用、高性能、高可靠性、无污染、价格低廉的新型推进系统。中国从20世纪80年代中期开始,着手进行先进的火箭推进系统研究,如可重复使用的单级入轨运载火箭推进系统概念性论证研究、三组元液体火箭发动机研究、第一代氢氧发动机和大推力液氧/煤油发动机研究。20世纪90年代以来,中国进行航天飞船的研制,在"长征"系列液体运载火箭推进系统基础上,用大推力捆绑式"长征二号"系列运载火箭发射"神舟"号飞船,于2003年10月15日成功发射了载人飞船"神舟"5号。

7.3.2 发展趋势

随着航天技术的发展,液体火箭推进技术发展非常迅速,而且已经取得了巨大成就。在导弹武器的动力装置方面,固体火箭推进技术已部分取代了液体火箭推进技术,甚至还在发展。但是,在航天技术领域,液体火箭发动机的性能特点是使其在该领域仍占主导地位的重要原因。当前,液体火箭推进技术正处于继续不断改进和发展过程中。为了更好地适应航天技术今后发展的需要,技术和性能更加先进的液体火箭推进系统将广泛用于航天技术上,预计液体火箭发动机的发展趋势将有以下几个方面。

1. 进一步提高液体火箭发动机的性能

随着航天事业的发展,送往空间的有效载荷越来越大,到达的空间越来越远,因而对液体运载火箭的性能指标要求也越来越高,即要求具有更大的推力、更高的比冲、更大的推质比。研究多级捆绑式组合火箭级的动力装置是大型运载火箭的需要。

提高比冲的途径之一是采用高能和高密度的液体推进剂。目前,高能的液氧/液氢火箭发动机比冲已达4550m/s(真空比冲)。液氧/液氢推进剂具有比冲高且燃气清洁等优点,在未来的航天运载系统中将得到广泛应用,例如运载火箭和航天飞机的主发动机、上面级和轨道转移发动机等。液氧/液氢发动机在辅助推进系统上的应用研究也取得重大进展,预期可应用于载人空间站的姿态控制和位置保持,以及轨道转移飞行器的姿态控制系统。

液氧/烃推进剂具有良好的综合性能。它比液氧/液氢有更大的密度比冲,将来发展经济型的大型航天运载系统时,将应用于高性能的助推发动机和轨道机动系统。

双燃料发动机也是发展的方向之一,用液氧/液氢、液氧/烃两种推进剂用于双燃料发动机中,可以充分体现两种燃料的优点,可以实现两级发动机的功能,即液氧/烃实现助推级,液氧/液氢实现主发动机级,从而可实现单级入轨。

研究还表明,用液氧/酒精或H_2O_2/烃代替目前通用的四氧化二氮/一甲基肼,用于轨道机动发动机和姿态控制发动机组成的辅助推进系统中,不仅价格低廉、无毒、无腐蚀性,而且性能高,有利于提高运载能力。

在未来的空间发动机中,采用空间可贮存推进剂是一个值得研究的方向。

提高比冲的另一途径是提高发动机性能,例如,采用高的燃烧室压强和先进的发动机系统方案。但是提高燃烧室压强会受到涡轮需用功率的限制。研究先进的发动机系统方案包括分级燃烧动力循环系统、双燃料—双位置喷管系统、双燃料—双膨胀系统的研究,因为双位置喷管和双膨胀喷管可在高空中增大喷管的扩张比,达到增加比冲的效果。

减小结构质量可有效地提高推质比,应进一步研究改善结构设计、研究新工艺和新材料。

2. 加强对发动机和各组件工作过程的理论研究

尽管液体火箭发动机的理论研究已经相当成熟,但随着航天技术的发展,液体火箭发动机随之出现了一些新概念、新技术,需要进一步加强理论性的研究。

欲提高推力室及涡轮泵的效率,需加强对推力室工作过程及涡轮、泵内三维流的理论研究。

为提高发动机的可靠性,需加强对燃烧室燃烧不稳性课题的研究,加强提高推进系统整体可靠性的研究,特别是在更长的寿命期内的可靠性研究。今后在开展高性能液体火箭发动机研究时,往往会出现高频燃烧不稳定性问题。值得指出的是,随着载人飞船航天技术的发展,发动机燃烧稳定性将成为关键技术的研究,而且对发动机性能要求会更高,才能确保宇航员的绝对安全。

此外,为了提高发动机的调节精度以保证性能指标的精度,需进一步开展对发动机系统及组件动态特性的研究;加强对机上控制器的研究,也就是说用计算机控制系统实现发动机的监控、调节及开关机的自动化;加强故障监测与诊断系统的研究,做到及时检测出故障,及时监控。

3. 研制新型组合发动机

为了满足航天技术发展的需求,要进一步扩展液体火箭发动机的品种和现有品种的改进。研制新型组合式发动机,例如吸气式发动机和液体火箭发动机相组合。这样一来,在大气层内依靠吸气式发动机,而在大气层外依靠液体火箭发动机。不过这种组合发动机的研制有相当大的难度。

人类进入了 21 世纪,航天活动在新的世纪里将会得到更快的发展。人类会更加广泛、更加频繁地飞往其他星球或星际间航行。这就要求研制成本低廉的液体火箭发动机,以提高经济效益。因此,研制成本低廉的液体火箭发动机也是发展方向中的重要课题之一。

7.3.3 主要特点

液体火箭发动机使用液体推进剂,通常是使用一种或几种液体化学物质作为推进剂。这种液体推进剂在火箭发动机燃烧室中经过雾化、混合、蒸发和燃烧,将其化学能转变为热能,产生的高温、高压燃气流经喷管,气流在喷管内膨胀加速并从喷管出口高速喷出,产生反作用力,即推力,从而为火箭、导弹和航天飞行器提供飞行的动力。

液体火箭发动机除具有火箭发动机的共同特点外,还有液体火箭发动机特有的性能特点。

1. 比冲高和推重比高

液体火箭发动机具有比冲高和推质比高等高性能指标特点。以高压液氧/烃为推进剂的液体火箭发动机比冲可达 3300~3500m/s,而航天飞机使用的液氧/液氢主发动机,其比冲达到 4460m/s,要比固体火箭发动机比冲 2000~2700m/s 范围高得多。目前,现代泵式输送系统的液体火箭发动机,其推重比已达到 1000~1300N/kg,而普通涡轮喷气发动机和冲压发动机的推重比分别为 50N/kg 和 70N/kg。

由于液体火箭发动机具有比冲高、推重比高的特点,因此它具有非常高的运载能力和远的射程。

2. 主要性能参数可控性和可调性强

这里是指液体火箭发动机的主要性能参数推力的大小可在较大范围内可控和可调节。例如,登月舱的降落发动机,其推力大小的调节范围为 10:1,从而保证了登月舱的安全着陆。另外,液体火箭发动机可按需要多次启动和关机,可实现长时间连续工作,也可以脉冲工作,发动机推力方向调节也很方便。

3. 工作时间长

由于液体火箭发动机可用推进剂作冷却剂,对推力室进行有效的冷却,大吨位的贮箱可贮存足够的推进剂,从而保证发动机长时间地可靠工作,这也是固体火箭发动机不可比拟的。

4. 推力随飞行高度增加而增大

这是火箭发动机共有的特点。在真空条件下,推力可达最大值,而且火箭发动机的推力与飞行速度无关,这一特点也是与空气喷气发动机的区别。

此外,液体火箭发动机使用的液体推进剂费用低,在达到同样性能要求下,费用仅为固体推进剂的 1/7~1/3。当然液体火箭发动机的结构复杂性要比固体火箭发动机复杂得多。

7.3.4 液体火箭发动机分类

液体火箭发动机种类较多,其分类方式也多种多样。例如按推进剂供应系统分类;按推进剂组元不同分类;按发动机动力循环方式分类;按发动机推力大小分类;按发动机结构特点分类;按发动机用途分类等分类方式。图7-8列出了常用的液体火箭发动机分类。显然,对于某一种液体火箭发动机按图7-8的分类方式就可能有多个名称。

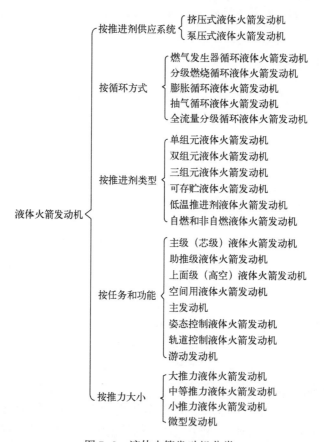

图7-8　液体火箭发动机分类

7.3.5 工作过程

7.3.5.1 推力室工作过程

推力室是液体火箭发动机产生推力的部件。推力室包括喷注器、燃烧室及喷管等。以双组元推进剂为例,推力室产生推力的过程如下:液体火箭发动机工作时,液体推进剂组元分别从贮箱中或被高压气体挤出,或被涡轮泵增压后,进入各自的输送管道中而送入推力室。其中一种推进剂的组元(通常为氧化剂)直接进入推力室头部喷注器,而另一种组元则通过集液器进入推力室壁的夹层通道,对推力室壁进行冷却,吸收了一部分室壁热量后回到推力室头部。在推力室头部,推进剂组元分别经过喷注器的各自喷嘴(直流式或离心式)的作用,喷入燃烧室时被雾化、蒸发和混合。混合气体经点火(自燃或用点火器点燃)燃烧,在燃烧室内生成高温高压燃气。燃气流向喷管,在喷管内膨胀加速并以超声速气流从喷管出口排出,产生的反作用力即推力。这就是飞行器飞行的动力。

液体推进剂在燃烧室中的燃烧过程是一种极其复杂的物理化学过程(图 7-9),可用下面几个基本过程来概括:推进剂的雾化和液相混合过程;液滴的加热和蒸发过程;燃料和氧化剂的气相混合过程;化学反应过程等。

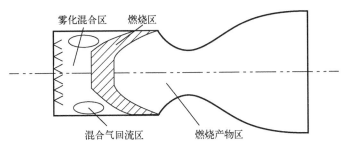

图 7-9　推力室燃烧过程示意图

1. 雾化混合区

在雾化混合区内,推进剂雾化、蒸发,并使燃料和氧化剂的雾化及蒸发形成的蒸气宏观混合。其混合的情况取决于喷嘴的结构设计形式。由于蒸发和混合主要在此区内进行,该区温度较低。

2. 混合气回流区

由于推进剂从喷嘴喷出时与周围气体之间的动量交换及引射作用,产生燃气向喷注器附近回流,形成回流区。在此区内,有推进剂蒸发后形成的未燃气体,还有已燃气体。回流现象对混合气的燃烧准备过程有重要作用,有利于燃烧区的热量向混合区传递,也有利于本区内的未燃气体进一步微观混合并升温,促使部分混合气的分解,甚至发生液相化学反应。

3. 燃烧区

燃烧区内温度高,相对前面区域突跃到 3000K 以上。这是由于在本区极短时间内发生迅速的化学反应,而且是放热反应。在该区内的中心区和边区并不是处于均匀的同一截面,也就是说边区及其附近滞后于中心区,这是由于边区温度低(受壁冷却液膜影响)以及混合比不是最佳状况而形成的,使燃烧区的火焰前锋形状呈现一个凹槽状。实验研究表明,燃烧室在稳态燃烧时,燃烧区及其火焰前锋在燃烧室中的位置基本不变,而且存在两种不同状态的稳态燃烧,即"缓慢"燃烧和"爆震"燃烧(或称爆燃)。

在正常情况下,液体火箭发动机的燃烧室中,燃烧属于缓慢燃烧;而爆燃是一种剧烈的极高速进行的燃烧现象,是由于可燃混合气中的局部爆炸而形成的,但不属于不稳定燃烧。

4. 燃烧产物区

在这一区域,燃烧已基本结束,只是在很小尺度范围内进行紊流混合和补充燃烧。由于下游燃气进入喷管膨胀加速,因此在此区内的燃气流速不断增加。而流动基本是管流状态,故也称此区为管流燃烧区。

7.3.5.2 发动机工作过程

液体火箭发动机的工作过程包括启动、额定工作和关机。启动过程是发动机接到启动指令,打开启动阀门至发动机推力达到额定工作状态的过程;额定工作过程(也称主级工作段)是发动机性能参数处于设计参数工作状态;关机过程是发动机接到关机指令后,先后或同时切断副系统和主系统的推进剂供应,推力迅速下降到零的过程。

液体火箭发动机的启动和关机过程十分复杂,而且是很重要的过程,在这两个过程中,几乎所有的部件都是从静止(或工作)状态瞬时变化为工作(或静止)状态,此间各种参数都会在极短时间内发生剧烈变化。发动机的启动和关机过程也是故障易发生的阶段。这是由于在发动机启动和关机过程中,大多数发动机系统都是在一些非稳态工况下工作的,例如,各种各样阀门的打开和关闭会造成推进剂供应管路的水击和压力振荡;某一瞬间可能会发生危险的涡轮泵超转速工况,或者使发动机在局部区域内发生压力和温度超出额定值,由于推进剂组元混合比变化,无法控制引起的压力振荡、推力室过载、爆燃和结构的剧烈振动。这些问题都有可能造成发动机破坏。试验结果表明,大多数故障和事故多发生在启动过程,少数发生在关机过程。

液体火箭发动机的启动和关机过程要求准确、精度高。它们的工作都是自动进行的,所有阀门和系统都是按指令进行工作。

1. 启动过程

启动过程包括启动准备、涡轮泵启动和推力室工作三个阶段;有的文献将启动过程分为推进剂充填、点火和启动加速三个阶段。

启动准备阶段要完成的任务主要有贮箱增压或预先增压;对导管和泵的内腔进行预冷(对低温推进剂而言);对氧化剂和燃料启动阀门后面的导管、泵腔、推力室和燃气发生器的内腔用惰性气体(氮或氦气)进行吹除。

涡轮泵启动阶段通常要完成的工作包括打开供应系统的启动阀门、液体推进剂组元充填泵前的导管和泵腔;火药启动器点火或高压气瓶阀打开使涡轮泵工作;燃气发生器开始工作;打开推力室氧化剂和燃料供应管路上的主阀门,两组元的各自的主阀门不一定同时打开,通常情况下,有意地使一种组元先进入。燃气发生器双组元供应的阀门也是如此。这种开启顺序及间隔时间由程序控制。

推力室工作阶段主要内容包括推进剂组元充填主阀门后面的导管和推力室头部前的内腔,按指令经喷注器喷嘴两组元进入燃烧室雾化、混合;由程序控制,点火器工作点燃混合气,两组元开始燃烧。火焰沿推力室向后传播,燃烧产物从喷管口排出。燃烧室开始建立压强,发动机依次由初始工况进入主级工况,不过转入主级工况所需时间很短。如果是自燃推进剂,其燃烧从两组元液体一接触便开始,它不需要另外的点火器来点火。

以上所介绍的发动机工作过程是通常所包含的内容。对于不同动力循环形式的发动机,其工作过程也就不一定都是这些内容,比如对于挤压式推进剂供应系统,其启动过程就不包含涡轮泵的启动过程。

2. 关机

当弹(箭)达到规定的主动段终点的飞行速度或其他额定参数时,控制系统发出关机指令,发动机按程序关机。从发出关机指令到推力下降到零的过程称为关机过程。由于关机过程也是瞬时变化过程,它受到各种因素的影响,不易控制,因此影响弹(箭)的射击

128

精度(或入轨精度)。

对关机过程的要求是:能准确、迅速地使发动机停止工作;产生的后效冲量及后效冲量偏差小;关机水击及压力脉动控制在结构强度允许范围内;在推力室和燃气发生器中不出现不允许的温度峰值。

后效冲量是从发出关机指令开始,到推力下降至零这段时间内产生的推力冲量。其产生的原因是指令滞后时间和阀门动作时间内仍有一部分推进剂流入推力室转变为燃气,这些残存的燃气通过推力室的喷管和涡轮排气管排出,因而产生一定的推力。

由于发动机工作条件不同,例如由于控制机构的信号传递和阀门动作时间的偏差、当有多台推力室时,在关机时各台推力室的推力也有差异;就是同一台推力室,也因为推进剂流动和燃烧的差异等随机因素造成后效冲量偏离额定值而呈一定的散布,这就是后效冲量偏差。减小后效冲量及后效冲量偏差的方法有:减小关机时的发动机推力;减短管路、减少阀门动作时间;减少剩余推进剂;将剩余推进剂强迫排空等措施。

关机减速性是指关机指令发出到推力室燃烧停止且燃气完全排空的时间。

关机水击现象是指关机时,阀门的突然关闭引起上游管路内液体的压力增加的现象。水击会使上游管路发生破裂。应采取适当技术措施防止关机时引起的上游压力过大,常采用减小流量或安装缓冲器等方法。

7.3.6 液体火箭发动机的主要组成

液体火箭发动机通常由推力室、涡轮泵、燃气发生器、阀门与调节器、气液管路及电缆等部件组成。

1. 推力室

推力室是产生推力的核心结构部件。它由喷注器、燃烧室和喷管组成。喷注器也称为推力室头部,而将燃烧室和喷管合称推力室身部。推力室是推进剂在其内燃烧并完成能量转换产生推力的场所。图7-10为典型推力室结构示意图。

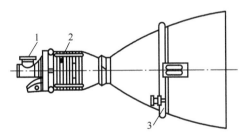

图7-10 典型推力室结构示意图
1—头部;2—身部;3—集液器。

2. 涡轮泵

涡轮泵是泵压式液体火箭发动机中涡轮和推进剂泵的总称,其主要功能是将从贮箱中流入的低压推进剂组元经过涡轮泵后升压,并按照发动机系统所要求的压力和流量将推进剂输送到推力室;同时将少部分或全部推进剂组元输送到燃气发生器或预燃室,燃烧后产生的高温高压燃气作为推动涡轮的工质。涡轮泵的特点是该输送系统所需要的泵进口压力较低,显然相应的贮箱增压要求也低,而推力室进口处推进剂所需的高压由泵提供,从而可以减轻贮箱的结构质量。

由涡轮和泵的传动方式或涡轮和泵的配置方式,液体火箭发动机的涡轮泵可分为同轴式涡轮泵、齿轮传动式涡轮泵及双涡轮式涡轮泵。涡轮泵的性能,如泵的转速、效率、结构尺寸及质量大小、寿命和可靠性等,对液体火箭发动机的性能有重大影响。

3. 燃气发生器

燃气发生器是产生高温燃气的装置,其作用是产生工质,用来驱动涡轮泵,有的也为贮箱增压。它的结构类似液体火箭发动机的推力室,是由喷注器、燃烧室和喷管组成。

燃气发生器有单组元和双组元两种类型。目前,多采用双组元燃气发生器,所使用的液体推进剂与主推力室相同,而且结构及工作原理也与主推力室基本相同,但其混合比不同,使其工质温度不至于过高,另外是体积小。

4. 阀门与调节器

阀门与调节器组合起来也称液体火箭发动机的自动器。阀门与调节器是液体火箭发动机不可缺少的组件。不论是哪一种推进剂供应系统,液体火箭发动机的整个工作过程都要经历点火启动、转级、关机三个阶段,都需要对推进剂供应系统及液、气路控制系统中的介质及时地切断和开通,工作过程中需要对工作参数进行调节或控制,以保证对发动机进行操作维护和检测工作。因此,阀门与调节器承担着对液体火箭发动机的控制、调节和操作检测功能。其具体功能有如下几项:

（1）推力与组元混合比的调节与改变。

（2）启动与关机程序的控制。

（3）贮箱增压系统工作状况的控制与调节。

（4）推力矢量控制系统工作状况的控制。

（5）整个发动机工作状况的改变与侧控。

从工作环境上看,阀门与调节器都是在高温、高压或超低温、腐蚀性介质或振动条件下工作,而且是多次重复性工作。另外从性能要求来看,阀门和调节器在接到指令信号后,能否及时、准确地反应并动作,能否精确地进行调节和控制,都涉及发动机能否正常工作和能否准确执行规定的工作程序、能否保持其工作参数的稳定与协调。因此,阀门与调节器的性能可靠性直接影响到液体火箭发动机的可靠性。

7.3.7　液体推进剂

液体火箭推进剂简称液体推进剂。它包括液体燃料、液体氧化剂、液体单组元推进剂。也就是说,它是由一种液态物质或几种液态物质组合而成,而其中的一种液态物质称为推进剂组元。推进剂组元是单独贮存并通过各自的供应管路向发动机输送。对于大型液体运载火箭,液体推进剂质量占有很大比例,大约占 70%～90%,所以液体推进剂性能的优劣将直接影响着运载火箭和发动机的性能及制造费用。

1. 液体推进剂的作用

液体推进剂是液体火箭发动机的能源和工质的来源。推进剂在发动机燃烧室内进行燃烧和化学分解,将推进剂的化学能转为热能,产生高温、高压气体。这些高温、高压气体产物又作为发动机的工质,通过喷管进行膨胀做功,将热能又转变为动能。此动能推动火箭(或导弹)飞行,或者为航天器完成姿态控制、速度修正、变轨飞行等任务。

液体推进剂在运载火箭(导弹)研制和使用中的作用,是通过推进剂的能量特性和使用性能来体现的。

推进剂的能量特性是其重要的性能之一,常用质量比冲和密度比冲表示。所谓质量比冲是指单位质量推进剂所产生的平均推力冲量;而密度比冲是指单位容积推进剂产生的平均推力冲量。推进剂的能量特性对液体火箭发动机、推进剂贮箱结构及弹(箭)总体性能有着重要的影响。在有效载荷确定的情况下,选用高能量的推进剂就可以增大射程或减小起飞质量;而当起飞质量确定时,若选用高能量推进剂,则可以增加有效载荷或增大射程。

推进剂的使用性能包括液体推进剂的物理化学性能、点火与燃烧性能、材料相容性及贮存性能、爆炸及毒性等。使用性能直接影响着运载火箭(导弹)的总体结构和分系统结构的设计。

液体推进剂性能的改进,往往可使运载火箭(导弹)性能提高,或改善使用性能。

2. 对液体推进剂的要求

由于液体火箭发动机的用途不同,对推进剂的能量、使用性能的要求也不同。比如用于导弹武器动力装置的推进剂,其可贮存性及能量要求是首先考虑的重要性能;而对于发射卫星用的运载火箭,由于是预先计划了使用时间而有充足的准备阶段,因而使用低温液体推进剂就容易实现。

对于大型运载火箭,由于推力大,在研制周期内试验研究的项目及次数较多,需消耗较多的推进剂,因此要考虑使用成本低且易大批量生产的液体推进剂;而对于航天器使用的液体火箭发动机,由于长时间处于宇宙空间或者行星表面的工作条件下,发动机对使用的推进剂在液态温度范围和蒸气压方面都有一定的要求,当然这些要求又依具体使用条件而定,尤其是取决于发动机的温度调节系统的条件。为避免贮存期间有较大的损失,应采用稳定的推进剂。

根据应用情况不同,对推进剂的要求有如下几点:

(1)要求液体推进剂具有高的能量特性,即有高的比冲和高的密度。能量特性是推进剂性能的最重要性能指标。不过这一指标不能一味追求,其指标要求应根据具体应用的条件来确定。比如战术导弹上用的液体推进剂,其能量特性要求要比大型运载火箭上使用的液体推进剂更严格些。

(2)从使用性能的角度来考虑,希望液体推进剂的液态温度范围要宽、化学性质稳定、毒性尽量小等。在工程上需要考虑的内容包括输送性能、点火燃烧性能、冷却性能和安全使用性能等。

(3)经济性能要好,即液体推进剂的原材料来源广泛、生产工艺简单、生产成本低廉等。这几方面对大型运载火箭和重复使用的航天飞机尤为重要,对于大批量生产和使用量大的推进剂,价格低是其重要的经济性能指标。

3. 液体推进剂的分类及主要组元

液体推进剂的分类方法较多,例如:按用途分类可分为主推进剂、启动推进剂和辅助推进剂;按推进剂组元分类可分为单组元、双组元和多组元推进剂;按组元直接接触时的化学反应能力分类可分为自燃推进剂和非自燃推进剂;按推进剂组元保持液态的温度范围分类可分为高沸点推进剂和低沸点推进剂;按长期条件下推进剂物理、化学稳定性分类可分为长期贮存推进剂、短期贮存推进剂或分为地面可贮存、空间可贮存和不可贮存推进剂等。

作为液体推进剂的燃料组元,有氢、肼及其衍生物、胺类、烃类、醇类及混肼、混胺、胺肼、油肼系列近30种。

作为液体推进剂的氧化剂组元,有液氧、硝基类、过氧化氢、氟类及硝酸与四氧化二氮的混合系列、四氧化二氮与一氧化氮混合系列等10余种。

7.4 特种火箭发动机

化学能火箭发动机是以化学物质作为能源,通过化学物质的燃烧与化学反应进行能量转换,再由燃烧产物(工质)的膨胀流动产生推力。因此,化学能火箭发动机的能源与工质是一体的。而特种火箭发动机的能源与工质是分开的各自独立的系统,是依靠另外的能源来加热推进剂(工质),使工质获得高速从喷管排出而产生推力。为了区别化学能火箭发动机,而称它们为特种火箭发动机,包括电火箭发动机、核火箭发动机、太阳能火箭发动机和光子火箭发动机等。

电火箭发动机是利用电能加热或电离推进剂而使工质加速喷射;核火箭发动机是直接利用核反应能加热推进剂而使工质喷射;太阳能火箭发动机是利用聚集的太阳能来加热推进剂使之高速喷射;光子火箭发动机则是将物质转换成辐射光束来产生推力。

特种火箭发动机的理论研究始于20世纪初期,而试验与研制工作是始于20世纪50年代,自20世纪60年代以来进行过飞行试验与实际应用。由于特种火箭推进技术的难度、寿命和可靠性要求高等原因,它的发展远不如化学能火箭推进技术发展的那样快。特种火箭发动机的推力小,不能用于地面发射航天器,只适用于空间发射,在轨道空间作为主推进(如星际航行和轨道转移等)和辅助推进(如位置保持、姿态控制和阻力补偿等)。

随着空间技术的不断发展,特种火箭推进技术引起世界许多国家的重视。由于空间技术的发展对空间任务的要求不断增加,比如飞行器或空间站的质量增大、空间的工作时间不断加长,空间飞行任务的难度也在提高,比如要完成低轨道向高轨道的变轨飞行,或者在卫星上再发射另外的卫星等空间任务。这些空间任务的完成,要求火箭发动机要具有更高的比冲或大功率,而常规化学能火箭发动机,即使是航天飞机的主发动机采用的先进的液氢/液氧发动机,其实际比冲已达4550m/s,而要想再显著提高比冲已是相当困难了。但是,对于特种火箭发动机则可以承担此重任,发展研究特种火箭推进技术是完成日益艰巨的空间飞行任务的重要技术途径,也是火箭推进技术发展的一个重要方向。

7.4.1 电火箭发动机

电火箭发动机就是利用电能加热或电离推进剂而使工质加速喷出的一种火箭发动机。这是一种新型的空间推进装置,而且是目前特种火箭发动机中已成功运用到空间技术中的一种非常规动力装置。电推进技术是当今国际航天领域的尖端科技,随着航天事业的发展,航天技术正朝着向外层空间拓展和提高卫星效率、降低成本的方向发展。电火箭发动机的工程应用,已显示出化学能火箭发动机难以达到的高比冲、高效率和长寿命的优点。它特别适合用在未来的长寿命卫星和空间站上。电火箭发动机一般可分为电热式、静电式和电磁式三类。

1. 电热式电火箭发动机

电热式电火箭发动机具有结构简单、成本低、安全可靠、操作和维护方便和污染小等特点,适用于小型且成本低的卫星轨道调整、高度控制及位置保持等工作。

根据加热方式的不同,电热式电火箭推进系统又分为电阻加热式、电弧加热式和微波加热式。

电阻加热式电火箭发动机是利用电阻加热器,即利用电阻作为发射元件来加热推力室中的推进剂,使推进剂的焓值增加,推进剂从加热元件周围流过而被加热,然后经过常规推力室的喷管高速喷出产生推力,如图7-11所示。该推进系统包括推力室、推进剂、加热器及加热元件支承等。电阻加热式电火箭发动机常用的推进剂有肼、甲烷、氢和生物废气(或废水)等。图7-11所示的推进器使用的推进剂是以水为工质。它特别适用于在空间长期运行的载人航天器,如空间站。因为空间站运行期间,可以充分利用空间站上的生命保障系统产生的生物废水作为推进剂工质,可以减少地面向空间站补充推进剂的运输量。目前,以肼作推进剂工质的电阻加热式推进器在电功率为 0.3~0.5kW 条件下,比冲可达 2950m/s,推力可达 0.18~0.49N,寿命可达 250h;而以水为工质的电阻加热式火箭推进器在电功率为 0.1~0.2kW 条件下,比冲可达到 1800m/s,推力为 0.05N,寿命达到 300h;而用氢气作工质时,比冲可达 7000m/s。

电弧式加热是靠在两个电极之间加电压后形成的电弧加热工质,被加热的工质经喷管喷出产生推力。该类型的推进系统一般包括电极、推进剂工质、电源、推力室等。电弧加热式火箭发动机克服了电阻加热式火箭推进系统对发动机壁温限制的缺点,因此工作温度可比电阻加热式要高,但效率并不高。这种发动机的特点是结构简单,包括燃烧室结构、推进剂供应系统及电源结构都非常简单。图7-12为电弧加热式电火箭发动机工作原理图,作为阴极的圆棒位于推力室的中心上部,作为阳极的超声速喷管在推力室中心的下部,在阳极和阴极之间加电压,则在推力室的喷喉附近产生电弧,电弧将通过的工质加热,被加热的工质从喷管高速喷出。以氢作工质的电弧加热式火箭发动机,比冲可达 10kN·s/kg;以肼为工质的发动机,比冲可达 5~6kN·s/kg,但它们的效率只有 35%~40%。

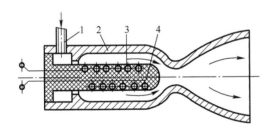

图 7-11　电阻加热式电火箭发动机原理
1—推进剂供应;2—推力室;
3—加热元件;4—加热元件支承。

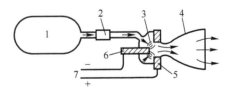

图 7-12　电弧加热式电火箭发动机原理
1—推进剂;2—泵;3—电弧;4—喷管;
5—环形正极;6—负极;7—电源。

微波加热推进是利用微波系统将电能转化为微波能,通过波导传输系统,将微波传输到谐振腔,在谐振腔中产生谐振并与工质耦合,使工质离解、电离,形成等离子体,高温高压等离子体从常规喷管中高速喷出,产生推力。这种微波加热式火箭发动机相对前面介绍的电弧加热式火箭推进系统,其最大优点是不用电极,形成的等离子体是自由悬浮的,所以热损失小,效率高,而且对材料要求也不高,因为它没有电极腐蚀,具有寿命长、比冲适中的特点。另外,它可以与常规的液体火箭发动机共用一套贮箱和供应系统。图7-13为日本发展主 Y-2 型微波加热式电火箭发动机放电室剖面图。

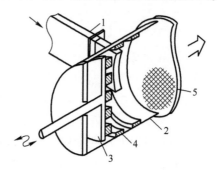

图 7-13　微波加热式电火箭发动机放电室剖面图
1—波导;2—放电室;3—阻抗匹配调节活塞;4—永久磁环;5—栅极。

2. 静电式电火箭发动机

静电式电火箭发动机是利用静电场力加速离子,以高速排出产生推力,所以又称离子发动机或离子推进器。其工作原理如图 7-14 所示。

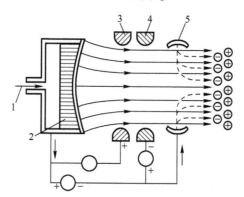

图 7-14　静电式电火箭发动机原理图
1—中性粒子流;2—正负离子分离机构;3—聚焦电极;4—加速电极;5—中和器。

该发动机的基本组成包括中空阴极、磁铁包围的放电室、同轴阳极、加速电极、中和器、电源处理器及工质供应系统等。目前常用的工质为氙、氪、氢等惰性气体。工质通过空心阴极和旁路分配输到圆形放电室,由于阴极和阳极之间的直流放电作用,使推进剂工质在放电室内受到高能电子的轰击而发生电离,形成等离子体。在静电场力的作用下,等离子体中的电子向阳极运动,离子向引出电极运动,并被引出。引出的离子与来自中和器的电子相结合,形成中性束流,产生推力。

这类发动机的优点是:寿命长,目前已验证的寿命可达 10000h,可连续长时间工作,效率高可达 65%;比冲可高达 25kN·s/kg;技术上成熟。其缺点是输入功率大、体积大、结构复杂、零部件数量较多、只提供小推力。

静电式电火箭发动机又可分为电子轰击式、接触电离式和感应电离式等。

3. 电磁式电火箭发动机

电磁式电火箭发动机分为脉冲等离子体、磁等离子体、脉冲感应式等类型。这几种形式的基本原理不外乎洛仑兹力加速、磁行波加速和等离子体脉冲加速三种基本概念。概括地讲，电磁式电火箭发动机是通过工质在高温下被电离，中性等离子体被强磁场加速而产生推力。

以脉冲式等离子发动机为例，它是以气体(氢、氨)、汞或聚乙烯等作工质，放在两个电极之间，通过贮能电容器向工质放电，产生的高温热流使其表面烧蚀、离解，形成等离子体，在很薄的电离层内由自身磁压和气体动压的共同作用下，等离子被加速喷出，产生推力。脉冲式等离子发动机具有平均输入功率小的优点，一般在 1~150W 范围内。它不需要复杂的电源处理器，结构简单、体积小、质量轻，在使用固态工质时，无须高压。整个推进系统安全可靠，非常适合小型航天器使用，例如姿态控制或轨道控制等。其缺点是推力小、效率低。

7.4.2 核火箭发动机

核火箭推进即原子能火箭推进。它的发动机是利用核能加热工质，工质高速喷射产生推力。图 7-15 所示为核火箭发动机原理图。

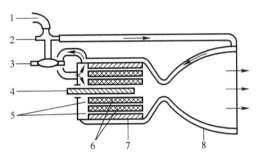

图 7-15 核火箭发动机原理图

1—工质入口;2—泵;3—涡轮;4—控制棒;5—加热通道;6—核燃料元件;7—反射器;8—冷却套。

核火箭推进系统根据核能释放方式，可分为裂变型、聚变型和放射性同位素衰变型。图 7-15 所示为裂变型的原理图。其主要组成部件包括铀 235 或铀 239 的浓缩物制成的裂变反应堆、带有反射器的推力室壳体、带液氢工质冷却套的喷管、工质供应系统(涡轮和泵)、控制核能释放及工质流量的控制系统等。其工作过程是液氢流经多孔的反应堆，吸收裂变产生的热能，然后经喷管加速排出产生推力。

核能火箭发动机由于受到固体核燃料释放热能元件熔点限制，以及元件壳体、支承结构等强度限制，其发动机比冲并不很高，大约在 7500~12000m/s。另外，还有一种气体堆芯式核裂变火箭发动机，它的比冲可达 50000~100000m/s。

衰变型核火箭发动机工作原理是将放射性同位素衰变产生的射线转变成热能，比冲可达 2000~8000m/s。它适合于长时间工作(几周至几个月)和低推力(1N 以下)工作。

7.4.3 太阳能火箭发动机

太阳能火箭发动机由光学采集系统、发动机本体及工质贮存与供应系统组成。太阳能火箭发动机工作原理简单。该系统有一个与发动机相联系的反射器,反射器实际上是一面(或多面)抛物面型镜面,镜面可以绕自身轴线转动,采集阳光。镜面收集的太阳能聚焦到热交换系统,对工质加热,工质高速从喷管排出,产生推力。图7-16为太阳能火箭发动机的工作原理图。

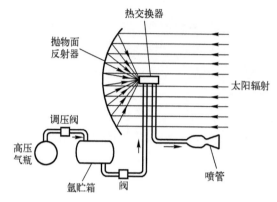

图 7-16　太阳能火箭发动机的工作原理图

图 7-17 所示为 STPTS 太阳能火箭发动机。它是美国洛克韦尔(Rockwell)国际有限公司研制的,其任务是针对冥王星的太阳系探测器替代半人马座上面级固体火箭。

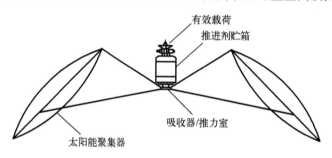

图 7-17　STPTS 太阳能火箭发动机

太阳系探测器使用 STPTS 太阳能代替半人马座上面级发动机,可使探测器有效载荷从 126kg 增加到 186kg,并使地面运载火箭由 Taitan-4 改为阿特拉斯(Atlas-2AS),使飞行总费用由 11 亿美元下降为 7.5 亿美元(1993 年美元值)。

第8章　冲压发动机

冲压空气喷气发动机(通称冲压发动机)是空气喷气发动机的一种类型。它构造简单,没有像涡轮喷气发动机的压气机和涡轮那么复杂的转动部件,进入发动机的空气的压缩过程是靠高速气流的滞止(冲压增压)来获得的。现代冲压发动机技术综合了高速气体动力学、化学热力学、化学流体力学和自动控制理论等方面的成就,而高超声速冲压发动机所采用的超声速燃烧技术,其机理就更为复杂。冲压发动机产生的推力基于进出口气流动量之差,为了尽可能增大这个差值,就必须细致地组织发动机内工质的流动过程和燃烧过程,增加发动机出口气流的动量。因此,冲压发动机的研制过程不仅需要进行深入的理论探索,而且还必须进行大量复杂的试验研究。

冲压发动机所采用的能源与其他动力装置的相比更为广阔,除了可以用化学燃料(如煤油、氢气等)在发动机内部对气流加热外,还可以应用核反应堆中可控制的裂变反应所释放的原子能来加热;而太阳能和激光能等还有可能成为冲压发动机内气流加热的外部能源。如太阳能电冲压发动机可用来控制卫星姿态,其采用太阳能板将太阳能转换成电能,电流通过螺线管产生磁场,加速等离子体,从而产生推力。

综上所述可以看出,研究、设计和制造冲压发动机是目前世界各国的尖端科学技术之一,这项尖端技术所取得的成就促进了航空事业的发展。尤其是新世纪以来,由于军事上的需要,要求飞行器向高空、高速、远航程的方向发展,超声速燃烧冲压发动机、旋转冲压发动机等新概念冲压发动机得到各国的高度重视,发展速度非常快,也获得了大量令人振奋的突破。所以冲压发动机作为高速飞行器的动力装置是有其十分广阔前景的。

8.1　冲压发动机的特点

对于燃气涡轮发动机而言,发动机总增压比为进气道冲压比与压气机增压比的乘积,即

$$
\pi_e = \pi_i \times \pi_C
$$
$$
= \sigma_i \times p_0 \times \left(1 + \frac{\gamma - 1}{\gamma} \times M_0\right)^{\frac{\gamma}{\gamma-1}} \times \pi_C \tag{8-1}
$$

式中：π_e 为发动机增压比；π_i 为进气道冲压比；σ_i 为进气道总压恢复系数；π_i 为压气机增压比。

由式 (8-1) 分析可知,当燃气涡轮发动机飞行速度增大时,进气道的冲压比越来越大,所以发动机增压比也快速增大。例如当来流马赫数分别为 2.0、4.0、6.0 和 8.0 时,等熵条件下进气道的冲压比将分别达到 7.8、157、1882 和 14593。来流速度高于某一马赫数时,进气道对气流的增压作用已经明显高于压气机,此时燃气涡轮发动机就可以去掉压气机(相应地涡轮也去掉了),发动机只有进气道、燃烧室和尾喷管三大部

件，这一类型的发动机称为冲压发动机。当进入燃烧室的气流为亚声速时，称为亚声速燃烧冲压发动机（简称亚燃冲压，Ramjet）；当进入燃烧室的气流为超声速时，称为超声速燃烧冲压发动机（简称超燃冲压，Scramjet）。

就理想冲压发动机而言，不考虑动能和热量的损失，其工作过程是一种等压加热的工作过程。图 8-1 示出了冲压发动机的理想循环压—容图和焓—熵图。图中的 1-2 为等熵压缩过程，2-4 为等压加热过程，3-4 为等熵膨胀过程，4-1 为工质在大气中冷却使循环得以封闭。

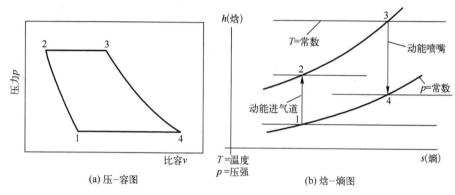

(a) 压-容图　　　　　　　　　(b) 焓-熵图

图 8-1　冲压发动机理想循环

为实现这种等压加热工作过，冲压发动机的工作包括使进入发动机的空气经过压缩、加热、膨胀从而产生推力这三个基本过程。

（1）进气道。迎面气流经过扩压器，以尽可能小的损失减速增压，提供燃烧室进口所需的速度场。

（2）燃烧室。减速增压后的空气进入燃烧室与燃料混合，在燃烧室中进行等压燃烧，使气体温度和焓值增高。燃烧室应设计得能在冲压发动机整个工作范围内保持稳定燃烧，并有尽可能高的燃烧效率和尽可能小的热损失及流动损失。

（3）尾喷管。燃烧后的高温高压燃气，经尾喷管膨胀加速后排出。在尾喷管中，燃气的一部分焓转变成动能，产生大于迎面气流动量的高速射流，增加了气流动量，从而产生推力。

（4）燃料供给系统及调节器。根据所感受的内部或外部参数，调节供入燃烧室的燃料流量及某些部件（如扩压器、尾喷管）的几何形状，以适应飞行高度和速度变化时空气流量的变化，并使可调部件的几何形状尽量好地适应发动机所处的工作状态。

冲压发动机具有以下优点：

（1）在高速飞行（马赫数大于 2）时发动机具有较涡轮喷气发动机更高的迎面推力、单位推力和推重比，并且经济性较火箭发动机高得多。

（2）构造简单，重量轻，成本低。

（3）无转动部件，进气道和发动机几何设计约束较少，也不存在高温转动部件的冷却问题。

（4）由于不存在涡轮叶片的耐热性限制，因此冲压发动机燃烧室可以允许更高的燃烧温度，可以加入更多的能量，而获得更大的推力。

（5）能源前途广阔，既可用内部加热的化学燃料的化学能、原子能等，又可用外部加热的激光能、太阳能等。

当然，冲压发动机也存在缺点，主要有以下几点：

（1）冲压发动机不能自行起动，需要助推器或其他飞行器把它加速到一定飞行速度后，冲压发动机才能自行有效工作。

（2）飞行速度低（马赫数小于1.6）时，性能差，效率低。

（3）冲压发动机对飞行状态的改变很敏感，当发动机工作离开设计点时，性能很快恶化，因此需要进行部件（如扩压器、尾喷管）的调节。

8.2 冲压发动机发展历程

8.2.1 亚燃冲压发动机

冲压发动机的概念由法国人 Rene Lorin 在 1913 年首次提出，20 世纪该项技术得到了迅猛发展。从技术层面上讲冲压发动机主要经历了三个主要阶段。

第一阶段为 20 世纪 20 年代到 60 年代初期，该时期是冲压发动机由诞生到初步探索应用的阶段。在此期间，各军事大国，如美国、俄罗斯和法国都进行了大量的理论和试验研究并对其在军事上的应用进行了初步尝试。该阶段具有代表性的发动机或飞行器有：美国的 Cobra、GorgonⅣ和 BOMARC 系列；俄罗斯的 Burya 和 SA-4；法国的 Griffon和 VEGA 等。由于这类导弹冲压发动机与助推系统相互独立，导致这些导弹既庞大又笨重，使它们仅限于陆基发射。

第二阶段为 20 世纪 60 年代到 90 年代，是冲压发动机技术长足发展的阶段。提出了冲压发动机与助推器一体化的设计理念，称为整体式冲压发动机（IRR）。由于这项技术的采用，大大缩短了导弹长度，减小了导弹体积，同时也使得导弹操纵性得以提高。因此，拓宽了以冲压发动机为动力的导弹应用范围。另外，导弹也向系列化、通用化发展。在这一阶段，各军事大国进行了大量试验，以验证一体化设计技术。其中，美国试验验证的型号较多，典型代表有：空射型导弹 ASALM 和 AMRAAM；舰射型 SLAT和 ACIMD 等。在整体式亚燃冲压发动机设计技术的发展过程中，苏联/俄罗斯走在前列，具有代表性的有：地空导弹 SA-6，该发动机采用的是管道火箭一体化设计技术；舰射型导弹 SS-N-19、SS-N-22 和 SS-N-26；空射型 AA-X-12 等。并且，在已有导弹基础上进行系列化改进，发展了潜射型 SS-N-19 和空射型 AS-17 等。法国也有多种型号装备部队，其中在"中程战略空对地导弹"（ASMP）的基础上，为了进一步降低成本，增强导弹的作战能力，开发了 ASMP-A、ASMP-C 和 ASMP-P 等系列化导弹。英国具有代表性的导弹有 sea Dart、sea Slug 及 BVRAAM 等，其中 BVRAAM 采用的一体化设计技术是变流量管道火箭技术（VFDR）。本阶段的特点就是冲压发动机技术飞速发展，拓宽了冲压发动机的应用范围和技术领域及亚燃冲压发动机技术的进一步完善。

近年来，各国提出了飞行速度更快、作战距离更远、打击精度更高的新的巡航弹研制计划。冲压发动机技术也步入第三个发展阶段。该阶段除原有军事强国外，印度、韩国、日本等新生力量也投入到冲压发动机的研制行列来。具有代表性的计划有：美国海军于 1996 年资助波音公司开始马赫数 4.0,射程 1260km 的 "FastHawk" 巡航弹研制计划。2001 年,美国海军又提出马赫数 3.5~4.0 的 "联合超声速巡航导弹"(JSS-CM)计划,其空射射程约 830km,面射射程约为 1660km,进一步发展后可以达到 2770km。2002 年,美、英联合提出了 "防区外反扩散远程高速打击击方案"(SHOC),计划研制马赫数 3.5~4.5,射程为 740~1110km 的超声速巡航导弹。

8.2.2 超燃冲压发动机发展历程

自 20 世纪 50 年代,美国就开始对超燃冲压发动机技术进行探索,主要是相关的概念性、基础性和机理性问题研究。进入 20 世纪 60 年代,美国进入了实用原型发动机的初期研究阶段。至 70 年代中期,美国海军、空军和 NASA 均启动了各自的超燃发动机原型机项目。这些项目积累了大量进气道设计、超声速燃烧和整机试验方面的数据和经验。

1986 年,美国启动了 NASP 计划,其核心就是研究飞行马赫数 4~15 的氢燃料超燃冲压发动机。该计划进行了大量的大尺度模型发动机试验,积累了大量试验数据,发展了发动机设计方法、理论分析方法、CFD 技术和测试技术,建设了大量试验设备,研究了新材料和热结构。20 世纪 90 年代后,美国陆续开展了针对高超声速巡航导弹、高超声速飞机和空天飞机的 Hyper-X、HyTech/HySet 和 HyFly 计划。

2004 年 3 月,美国的 X-43A 获得了试飞成功。这是国际超燃研究的里程碑事件,标志着国际超燃研究进入工程研制阶段。X-51A 是美国研制的超燃冲压发动机验证机——乘波飞行器,由一台碳氢燃料超燃冲压发动机推动,设计马赫数在 6~6.5 之间。2010 年 5 月在加州成功试飞,飞行时间达到 200s,成功实现了助推加速分离、翻滚机动和超燃发动机点火。

俄罗斯也是 20 世纪 50 年代开始超燃冲压发动机技术研究,并最早进行了飞行试验(1991 年)。半个世纪以来,俄罗斯对超燃冲压发动机技术进行了持续深入的研究,取得了大量技术成果,众多技术领域占据国际领先地位。俄罗斯重要的飞行试验计划有 4 个:"冷计划"(Kholod)、"鹰计划"(OREL,又称 IGLA 计划)、"彩虹-D2 计划"(RADUGA-D2)和 "鹰-31 计划"(OREL-31)。1991—1998 年,俄罗斯 "冷计划" 飞行器共进行了 5 次飞行试验,成功实现了超燃冲压发动机的模态转换。

法国自 1966 年起,先后制定和起动了 ESOPE 计划、PREPHA 计划、Promethee 计划和 LEA 计划。其中,LEAA 计划主要开展一体化的超燃冲压发动机进行实际飞行条件下的研究工作,并计划在 2009—2012 年进行 6 次飞行试验。

8.3 亚声速燃烧冲压发动机

亚燃冲压发动机的基本工作原理是,当发动机飞行时进气道将超声速来流减速,同时气流压力升高,到进气道出口时气流变为亚声速气流进入燃烧室,与燃烧掺混燃烧,将燃料的化学能转变为气体热能,高温、高压气流在尾喷管中膨胀加速,从而产生推力。图 8-2 为一个典型的亚燃冲压发动机方案图。

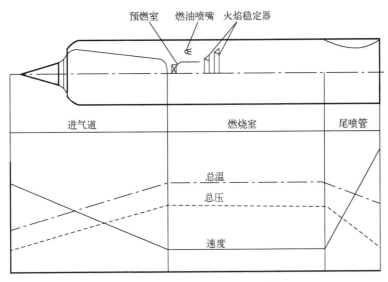

图 8-2　亚燃冲压发动机典型方案

与后面要讲到的超燃冲压发动机相比,亚燃冲压发动机的主要特点如下:

（1）进气道存在喉道截面,气流速度达到马赫数 1.0,通过扩张段结尾正激波后,气流降为亚声速进入燃烧室。

（2）燃烧室为亚声速燃烧室,一般采用航空煤油作为燃料,采用 V 形槽作为火焰稳定器。

（3）尾喷管存在临界截面,将气流从亚声速加速至超声速,一般为拉瓦尔喷管或简单的收敛喷管。

（4）主要应用于最大飞行马赫数 3~5 的飞行器,如导弹、靶机和某些超声速飞机等的动力装置。

8.4　超声速燃烧冲压发动机

8.4.1　超声速燃烧的必要性

随着飞行马赫数的不断提高,发动机进口气流的温度不断提高。对于涡轮喷气发动机来说,由于受到涡轮叶片强度的限制而不得不减少供油量以减小加热量,使涡轮喷气发动机热力循环效率急骤下降。当飞行马赫数在 3~5 时,冲压作用已经非常强烈,亚燃冲压发动机具有良好的性能。但当飞行马赫数继续增大时,亚燃冲压发动机性能也迅速下降。

图 8-3 表示了亚燃冲压发动机温度参数随飞行马赫数的变化曲线。可以看出,当飞行马赫数稍大于 6 时,即使巡航飞行也需要进行化学恰当燃烧;当飞行马赫数接近 9 时,发动机进口气流总温已经与化学恰当燃烧燃气温度相当,燃料燃烧产生的热能已无法使气流温度进一步提高,亚燃冲压发动机已不可能产生推力,这就需要采用超燃冲压发动机。

从气体动力学观点分析,当大气环境温度为 T_H、发动机飞行速度为 Ma、燃烧室进口气流速度为 M_B 时,燃烧室进口静温 T_B 为

$$T_{\mathrm{B}} = T_{\mathrm{H}} \left(1+\frac{\gamma-1}{2}Ma^2\right) \Big/ \left(1+\frac{\gamma-1}{2}M_{\mathrm{B}}^2\right) \qquad (8\text{-}2)$$

式中:γ 为气体的比热比。

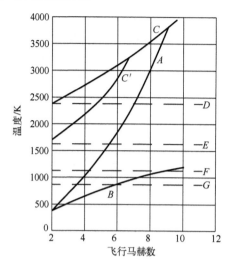

A:燃烧室进口气流总温变化线

B:发动机外表面温度变化线

C:燃气温度变化线(化学恰当燃烧)

C′:燃气温度变化线(巡航飞行)

D:氧化铝熔点

E:不锈钢熔点

F:煤油自燃温度

G:铝熔点

图 8-3　亚燃冲压发动机温度参数随飞行马赫数的变化曲线

从式(8-2)可知,从理论上讲,无论发动机飞行马赫数有多大,总可以选择一个合适的燃烧室进口气流速度 M_{B},使燃烧室进口静温降低到合适的数值。

当飞行高度 $H=20\mathrm{km}$、飞行速度马赫数为 6.0 时,燃烧室进口静温与进口气流马赫数的关系如图 8-4 所示。可见,当进口气流速度马赫数大于 2.0 时,燃烧室静温显著减小,从而使气体的热分解减小,发动机总效率提高,发动机推力增大。即发动机整个通道均为超声速流,包括燃烧加热过程都是在超声速状态下进行的,这种动力装置就称为超燃冲压发动机(Scramjet)。当合理地选择发动机燃烧室进口面积和供油规律(供油量、供油位置和喷油方式),还可以实现发动机亚燃冲压和超燃冲压之间的转换,即在低飞行马赫数时,通过在进气道出口产生正激波,实现亚燃冲压循环;而在高飞行马赫数时,进气道不产生正激波,气流以超声速进入燃烧室,实现超燃冲压循环,从而扩大超燃冲压发动机的工作马赫数范围,这种动力装置称为双模态超燃冲压发动机(Double Mode Scramjet)。

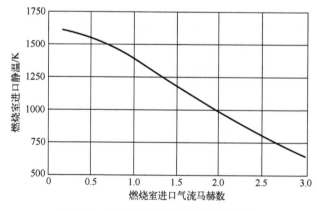

图 8-4　燃烧室进口静温与马赫数关系

142

8.4.2 工作过程及原理

图 8-5 给出了有代表性的超燃冲压发动机的内部流动图,一种是 NASA 的模块式超燃冲压发动机,另一种是美国海军和约翰·霍普金斯大学威廉斯应用物理实验室的双模态冲压发动机。

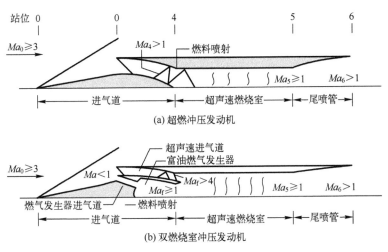

图 8-5 两种有代表性的超燃冲压发动机内部流动

在 NASA 的模块式超燃冲压发动机中,自由流通过进气道减速到 Ma_4,Ma_4 仍为超声速,一般为 0.4~0.5。燃料在第 4 站下游处喷射,燃烧过程在燃料喷射处附近产生一个激波系。此激波系强度依据 Ma_4、当量油气比和燃烧室的几何形状可在无激波和正激波之间变化。液体燃料在第 4 站和第 5 站之间喷射、蒸发、混合、点火和燃烧,结果仍大于 1。此超声速在扩散的喷管中继续膨胀加速。

在双燃烧室冲压发动机中,主要区别是它有内、外两个环形进气道。大约占总进气量的 1/4 的空气通过内环进气道扩散到亚声速并进入小型的管式燃烧室,然后所有的燃料喷入管式燃烧室(或称燃气发生器),使它在很富油的状态下工作(典型的当量油气比大于 4)。燃油的分布要使得燃烧室的中心区保持在理想当量比附近,以获得一个稳定的预燃系统。这就使得未反应的燃料在进入超声速燃烧室前蒸发、破碎和预热。这种发动机的优点是可以使用碳氢燃料,甚至是掺金属粉末的浆状燃料。循环的其余部分与前面的模块式超燃冲压发动机相同,并且因为燃气发生顺达在富油状态下工作,就不会产生亚声速燃烧冲压发动机在理想当量比(或低于)下工作常遇到的燃烧室/进气道不起动问题。

图 8-6 示出了这两种发动机超声速燃烧过程的详图,它说明了基本的流动结构和重点的区域。

图 8-6(a) 表示燃料通过角度为 θ 的离散孔或槽从面喷射到气流中去。为简化其见,只画出了一个燃料喷射位置。由于燃料穿透、蒸发和放热的综合影响导致的堵塞又产生了激波系的干扰。这种干扰始于燃料喷嘴上游并延伸到燃烧室内。在中等燃烧室进口马赫数(如 $Ma_4 = 1.5 \sim 3.0$)和典型当量油气比(如 0.5~1.0)下,此激波系的压力升高有足够的强度使得在燃烧室出口前重新贴附的边界层分离。激波系的长度定义为相应的 S 形

压力升的长度,并用 S_s 表示。激波系走入燃烧室的长度为 S_d。随着飞行速度的增加,Ma_4 相应地增大,激波系中压力升高减小。

在激波系中及其下游,蒸发、点火、混合和燃烧是剧烈的,在流动特性和化学成分上都有较大的径向、轴向,可能还有周身的梯度。这个区域称为二维或三维混合或燃烧区。再向下游,混合和燃烧剧烈程度减小,梯度大幅度减弱,这个区域称为一维区。

这种燃烧室以双工况工作。在低的 Ma_0(或 Ma_4)和当量比下,燃烧前有一个强度相当于斜激波系的压缩场,因而燃烧过程完全是超声速的。随着当量比的增加,燃烧前的压缩场强度增大,直到它达到相当于正激波的压升为止。从这一点起,燃烧过程开始在亚声速流中进行,但通过燃烧室中的热喉道后以加速,使得 $Ma_5 > 1$。在不改变燃烧前压缩场强度的条件下,加热可以直到热喉道,与第5站重合,即直到 $Ma_5 = 1$。在低的飞行速度下,如 $Ma_0 = 4$,这个极限常相当于当量比小于1,并且是第4站流动特性和燃烧室几何形状的函数。也可超出这个极限加热,但 Ma_5 将小于1。这就需要在出口喷管中设一个几何喉道。随着 Ma_0 或 Ma_4 的增加,当量比达到理想配比,这时 $Ma_5 = 1$。在当量比等于理想配比时,随着 Ma_0 继续增大,燃烧前压缩场的强度减弱到相当于一个斜激波,燃烧过程就完全是超声速的。流动的另一个重要特征是壁面摩擦,尽管在亚声速燃烧系统中壁面摩擦和其所引起的推力损失是很小的,但在超燃冲压发动机的燃烧室就会相当大,且它们依据第4站流动状态的放热量可在2~3倍的范围内变化。

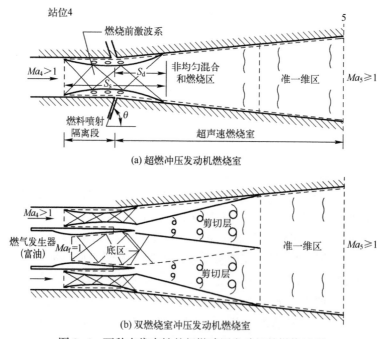

图 8-6　两种有代表性的超燃冲压发动机的燃烧过程

图 8-6(b)所示为双燃烧室冲压发动机的燃烧室,燃料经过在管式燃烧室内的预燃后被蒸发、加热和破碎,轴向喷射到后面的超声速流中。事实上,"燃油"就是燃烧和富油产物,它在声速或超声速下被喷射出来。在这种情况下,主要特征包括燃烧诱发的激波系和沿壁面及燃气发生器出口处伴随而生成的分离区,壁面摩擦,非均匀混合和燃烧区,以及近似均匀的一维区。然而,与模块式超燃冲压发动机中燃料从壁面出来的穿透和蒸发

是一个主要关心的问题不同,在双燃烧室冲压发动机中混合和燃烧过程受到空气和"燃料"流交汇处生成的自由剪切层的控制,且在某种程度是说,由于燃料流和空气流相遇形成的流动区的存在,使得混合和燃烧过程复杂。图 8-6(a)、(b)的数学模型控制边界用虚线表示。

8.4.3 特点及关键技术

与亚燃冲压发动机相比,超燃冲压发动机存在如下特点:

(1)为了减小飞行器的阻力,超燃冲压发动机与飞行器是高度一体化的,即飞行器前体下表面为进气道的外压缩面;而飞行器的后下表面为发动机尾喷管膨胀面。

(2)进气道一般采用混压式超声速进气道,出口截面仍然是超声速气流,进气道出口设置隔离段(通常为等截面的管道),其作用是使燃烧室内的气流流动情况变化不会破坏进气道的波系结构、影响进气道性能。

(3)燃烧室的截面面积变化决定于预定的加热规律(一般采用等直管道加扩张形管道,或整个是扩张形的管道),燃烧在超声速气流中进行,燃烧室内不产生激波,出口气流马赫数大于 1.0,所以燃料在燃烧室的停留时间非常短(只有毫秒级)。

(4)当飞行器飞行速度很高时,燃烧室进口静温可达到燃料的自燃温度,所以不需要设置火焰稳定器。

(5)尾喷管一般采用扩张型的单斜面喷管,没有喉部,以便使超声速气流继续加速。

(6)超燃冲压发动机一般作为高超声速飞机、空射中远程导弹的动力装置以及航天飞行器等的加速动力装置。

与飞行器高度一体化的超燃冲压发动机系统(图 8-7)主要由进气道、燃烧室、喷管等关键部件组成。其主要关键技术包括:在飞行马赫数范围内时,长度短、性能高、工作稳定的进气系统;能为推进系统提供最佳性能的燃烧室;能在飞行器整个工作范围内提供有效推力的排气系统;发动机总体性能优化;能提供最大有效能量又能提供充分的冷却能力的燃料和燃料供给系统;适合高超声速飞行的热结构和材料;以及演示验证技术等。

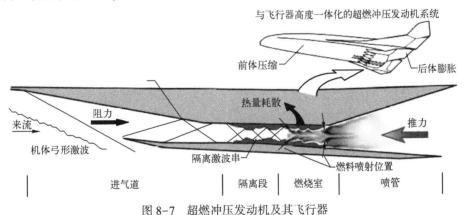

图 8-7 超燃冲压发动机及其飞行器

1. 发动机/飞行器一体化

在高超声速飞行条件下,由于激波损失、摩擦损失、附面层分离、附面层与激波相互影响等因素,将显著地增加飞行器的阻力。超燃冲压发动机在高超声速飞行器中的合理布

145

局可以明显地减小飞行器的阻力,使飞行器获得较高的升阻比;同时,飞行器外形、发动机在飞行器中的布局,对进入发动机气流的流量大小、流场品质有重要影响,也影响到发动机出口气流的膨胀,从而影响到发动机部件性能和总体性能,影响到发动机的部件结构和总体结构。从发动机研究角度出发,发动机/机体一体化主要研究:发动机在飞行器中的布局,发动机的进气道性能受到飞行器前体的影响(前体预压缩对增大进气道的流量是有利的,但是其产生的附面层、摩擦损失、流场不均匀性等对发动机的性能是不利的),飞行器后体对发动机出口气流膨胀的影响(发动机尾喷管与飞行器后体相互匹配,控制气流膨胀不足和过度,增大发动机推力和减小尾部底阻)。

2. 超燃冲压发动机总体技术

超燃冲压发动机总体技术主要是协调与飞行器总体的关系,约束发动机各部件的性能指标,涉及推进系统总体性能优化选择、总体结构、热管理、部件形式选择与性能要求、发动机控制方案等。

冲压发动机的特点是在设计点具有较高性能,偏离设计点,性能迅速下降,因而工作范围不宽,通常只能够跨 2 个马赫数工作。以超燃冲压发动机为动力的高超声速飞行器,巡航速度一般大于马赫数 6,在从 0 启动速度到巡航速度的范围内,冲压发动机工作的速度范围越宽,飞行器的总体性能越优,因此理想的工作状态时希望冲压发动机能够在马赫数低于 2 时就开始工作,一直使飞行器加速到巡航速度(如马赫数 6),但是这给发动机的设计带来了很多困难。因此优化选择发动机的工作过程,在较宽的速度工作范围使发动机具有较高性能成为发动机总体技术首先要解决的问题。通常在飞行器马赫数小于 6 时,冲压发动机采用亚声速燃烧(亚燃)比采用超声速燃烧(超燃)具有更高的性能。亚燃冲压发动机与超燃冲压发动机简单串联或并联组合,都不能够使冲压发动机获得良好性能。这必然要求具有较宽工作范围的超燃冲压发动机既能够实现超声速燃烧,也能够实现亚声速燃烧,即所谓双模态燃烧。在不同的马赫数条件下,合理配置发动机气流通道,实现发动机不同的工作模态和模态之间平稳的过度,也是超燃冲压发动机总体技术研究的关键。超燃冲压发动机外部是高超声速气流,气动加热形成了很强的热负荷(对于巡航马赫数 6,驻点温度达到了 1700K),发动机内部是高超声速气流减速后继续燃烧的高速、高温(对于巡航马赫数 6 左右工作的发动机,内部气流总温可达 3000K 以上)气流。工作环境热负荷大,必须采用主动冷却。在超燃冲压发动机冷却过程中,冷却剂和燃料合二为一,冷却剂的流量等于燃料流量,一方面要在给定的燃油流量下通过设计合理的冷却结构达到冷却效果。对于煤油燃料来说;另一方面还要求燃油吸热达到合适的温度,以便于产生相变,形成气态燃料,或裂解成甲烷、乙烯、氢等小分子有助于燃料高效燃烧。相对于火箭发动机,超燃冲压发动机的燃料只含还原剂,可用来作冷却剂的量大大减少,而相对的冷却面积反而比火箭大。这些都给超燃冲压发动机的热管理研究带来了更大的困难。

3. 进气道技术

超燃冲压发动机要求高超声速进气道能够在宽的马赫数范围内具有良好的起动特性、较高的空气流量捕获系数、较高的总压恢复系数、良好的出口流场品质以及较高的抵抗燃烧形成高压的能力(抗反压能力)等性能,这些性能与进气道的几何构型紧密相关,对附面层、壁面摩擦、附面层与激波的相互影响等也相当敏感,而且各性能指标之间相互

146

耦合、相互矛盾,在实际研究中还将涉及进气道的冷却问题、实验时的测试方法等,这些都影响了高超声速进气道技术研究的复杂性。为此,需要优化选择高超声速进气道几何构型,研究三维压缩效应、附面层的发展规律及其吸除技术、附面层与激波的相互作用规律、试验模拟方法等。

4. 燃烧室技术

超燃冲压发动机燃烧室技术要解决的主要问题是在有限的空间(米级)、时间(毫秒级)内和在高速气流(通常是超声速气流)中,实现燃料的喷射、雾化、蒸发、掺混、点火、稳定燃烧,将化学能最大限度地转化为热能,有高的热效率和较小的压力损失,而且要能够适应较宽的燃料/空气当量比变化、燃烧室的压力变化、速度变化,以满足飞行器不同空域和不同速度飞行、加速以及巡航等要求。双模态燃烧是燃烧室技术研究的关键。超燃冲压发动机为了适应飞行器不同马赫数的工作要求,需要在同一燃烧室中实现亚燃和超燃模态。一种办法是在燃烧室几何固定而沿气流方向的面积是变化的条件下,通过控制燃烧位置、燃烧强度(燃烧控制)来实现双模态燃烧。另一种办法是通过调节燃烧室的几何面积,适应燃烧的要求,来实现双模态燃烧。前者问题的关键是要在超声速气流中控制燃烧,由于燃烧与气流物理条件、燃料物理化学条件、燃料喷射、燃料与空气的掺混、燃烧室中涡流、激波、膨胀波、附面层等众多因素相关,要实现燃烧的主动控制无疑是高难度的。后者的关键是调节燃烧室的几何面积,由于燃烧室的温度能够达到 2000~3000K,燃烧室几何调节在结构实现上相当困难。燃烧室技术另一重要问题是燃烧室的冷却及其与燃烧的耦合。由于燃料就是冷却剂,流量有限,而受热面积大、温度较高,这必然导致燃烧室冷却结构的复杂。燃料作为冷却剂在冷却燃烧室壁面后受热,发生物理和化学变化,这将影响燃料喷射的穿透深度、燃料与空气的掺混效果、燃烧火焰传播速度等。

5. 喷管技术

超燃冲压发动机尾喷管技术主要解决的问题是在不同的燃烧室出口条件下使气流能够膨胀到接近外界大气条件。需要研究喷管气动轮廓、具有轴向和法向压力梯度的黏性流场、非平衡化学反应等。由于不同飞行状态,喷管需要的膨胀比变化大(可达 6 倍以上),在给定几何尺寸下使出/进口气流冲量差最大,为此需要研究喷管轮廓与机体后体的一体化设计、气体主动分离技术、尾喷管调节技术等。

6. 燃料供给与控制技术

为了使推进系统在宽广的范围内可靠工作,获得满意的性能,必须采用机体/推进一体化的控制技术。高速度、大空域和机动飞行对燃料供给系统提出了更高的要求。

7. 燃料技术

煤油点火滞后时间比氢点火滞后时间长一个数量级以上,火焰传播速度比氢的火焰传播速度要低一个数量级,煤油点火和稳定燃烧困难。因此点火可靠、燃烧稳定是煤油型超燃冲压发动机技术研究的起点。早期使用燃点低的硼烷、烷基金属加助燃催化剂方法,但带来不安全及毒性问题,后来用氢作为附加燃料的方法解决了点火问题,但是这种方法也难以实际应用。受到这一思想的启发,吸热型碳氢燃料技术的研究受到了特别重视。吸热碳氢燃料作为冷却剂,吸收了发动机部件的热量,同时通过催化、裂解、发生相变形成气态煤油、小分子碳氢燃料(如甲烷、乙烯等)和氢的混合物进入燃烧室。一方面燃料通过相变和裂解能够吸收大量的热量,满足了燃烧室等壁面的冷却要求;另一方面大大改善了液体燃料雾化、掺混性能以及燃烧性能。吸热型碳氢燃料技术主要包括燃料催化裂解、拟制结焦及其在超燃冲压发动机应用等。

8. 热结构、材料和制造工艺

超燃冲压发动机各部件、各分系统要能够经受高速飞行时的高温、高过载、高强度的考验。各部件、各分系统热环境分析和热负荷计算,利用燃料主动冷却的热结构设计,复杂结构的制造工艺,高温、高过载的轻质、耐热、高强度材料的应用研究等也是非常重要的。

8.5 新概念冲压发动机

8.5.1 粉末燃料冲压发动机

粉末燃料冲压发动机是一种新概念冲压发动机,它采用固体粉末为燃料,利用冲压空气为氧化剂和工质,通过粉末燃料与冲压空气燃烧释放热量,利用喷气推进原理产生推力。可供选择的燃料包括铝、镁、硼、碳等。如图 8-8 所示,粉末燃料冲压发动机由固态粉末燃料及其储箱、燃料供应系统、进气道、燃烧室、点火装置和喷管等几部分组成。进气道利用冲压作用将空气压缩并送入燃烧室,燃料储箱及供应系统确保适量的燃料以一定形态进入燃烧室,燃烧室及点火装置的主要功能是完成燃烧过程组织(确保粉末燃料与空气高效、持续反应),喷管则负责高温高压气体膨胀做功。

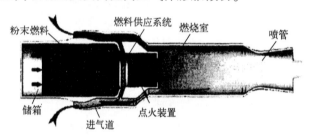

图 8-8 粉末燃料冲压发动机原理图

1. 主要特点

粉末燃料冲压发动机携带和使用常温固态粉末燃料,具备如下几方面优势:

(1)粉末燃料具有高能量密度的特点,使该种发动机兼具比冲及密度比冲优势,以其为动力装置的导弹将具有能量高、体积小的优点。

(2)由于携带和使用常温固态粉末燃料,与常规药柱形式的固体推进剂相比,不存在储存老化的问题,燃料成本大幅下降,且燃料制造、存储和使用过程中的安全性大大提高,即使在高过载环境下也有很好的安全性。

(3)粉末燃料可由供应系统实现可控供应,使发动机具备多次启动及燃料流量主动调节的优势。目前可实现流量调节的冲压发动机包括:液体燃料冲压发动机、固体燃料冲压发动机、固体火箭冲压发动机等。其中,液体燃料冲压发动机密度比冲低,固体燃料冲压发动机无法实现燃料流量主动调节,目前技术尚不成熟且燃烧组织困难,而常规固体火箭冲压发动机流量调节方案,当流量比为 5 时,即便使用燃速压强指数为 0.6 的推进剂,燃气发生器室压强也将超过 16MPa,这将带来壳体厚度及消极质量的成倍增加。粉末燃料冲压发动机燃料流量调节属于冷调节,且其密度比冲较高,同目前在研的流量可调冲压发动机相比性能更优,特别适合于工作空域大,要求多弹道飞行的任务。

(4)随着导弹飞行马赫数的增加,进入燃烧室的空气温度不断升高,常规冲压发动机所用碳氢燃料燃烧产物易发生离解,导致发动机比冲迅速降低,而金属粉末燃料冲压发动机的燃烧产物——金属氧化物在高温下则相对稳定,即使在高速飞行状态下,燃料能量依然能够得到充分的释放,因此金属粉末还可作为超燃冲压发动机燃料。

2. 关键技术

由于粉末燃料冲压发动机是一种新概念发动机,国内外都还未开展深入研究,在开展发动机系统组成及工作过程组织方法研究时,需借鉴其他相关领域的成果和经验。对粉末燃料冲压发动机而言,主要涉及以下关键技术:

(1)燃料供应方式。燃料供应系统是粉末发动机的重要组成部分,在粉末发动机概念提出后,关于供应系统的研究已经展开,主要的设计思想是利用气体将储箱内的粉末燃料流态化,而后以气固两相流的形式喷入发动机燃烧室,完成燃料供应过程。选用的燃料供应系统需保证粉料的连续、稳定、可控供应,以保证发动机正常工作且实现推力可调。

(2)颗粒的点火和燃烧特性。粉末燃料在燃烧室中的点火燃烧过程属于典型的粉尘燃烧过程,而研究颗粒燃烧是理解粉尘燃烧的基础。固体颗粒燃烧广泛存在于各种发动机燃烧室、工业燃烧器及日常生活中,主要用作添加剂来提高推进剂的能量、燃烧特性,以及抑制不稳定化燃烧,而粉末燃料冲压发动机直接以颗粒粉末作为燃料,颗粒的点火以及稳定燃烧成为影响发动机性能的重要因素。

(3)发动机的自维持稳定燃烧。粉末燃料冲压发动机工作时,载气携带燃料以气固两相流形式喷入燃烧室,由于喷注速度快、金属颗粒点火温度高、点火延迟时间长,且两相初温较低,给火焰稳定和燃料持续燃烧带来了较大困难。为了使发动机在尽可能宽的工作条件范围内维持燃烧并正常工作,需采取一定的火焰稳定措施,如借助外部高温火源或流场自补偿形成的点火源实现持续稳定燃烧。

8.5.2 旋转冲压发动机

旋转冲压发动机是一种综合燃气轮机和冲压发动机结构特点的全新概念发动机,它有转子但不需要叶片,采用了冲压压缩技术,但可以静止启动并在地面应用,采用了旋流燃烧技术,可为燃烧用多种燃料(包括油、气和粉料等)或劣质燃料创造条件,图 8-9 所示为内置有旋转燃烧汽缸的高速转子进行旋转冲压压缩和旋流燃烧的内置燃烧室旋转冲压发动机(Internal RotorBurnt Rotating Ramjet,IRBRR)总体结构示意图,它主要由发动机结构本体、燃油供应与点火系统、启动发电系统构成,此外还有控制、润滑等辅助系统,IRBRR 发动机主体的核心部件是融压气、燃烧和排气做功于一体的,内置有旋流燃烧室、带进气道和驱动喷嘴的高速旋转冲压转子,该转子的结构示意图如图 8-10 所示。

1. 工作过程

IRBRR 发动机的核心部件是一个内置有燃烧汽缸的高速转子,转子轮缘开有进/排气口,进气口迎着转动方向开设,可以仿照直流式冲压发动机使气流得到压缩;排气口反方向开设,靠高速燃气产生的推力驱动转子旋转。其结构原理图如图 8-11 所示。

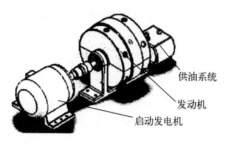

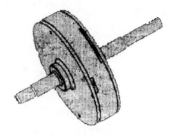

图 8-9　IRBRR 发动机总体结构示意图　　　　图 8-10　冲压转子结构示意图

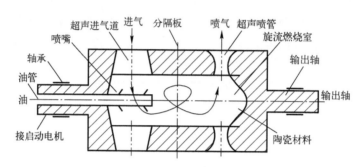

图 8-11　IRBRR 发动机冲压转子结构原理示意图

　　它的工作过程如下:启动时,断开负载,由启动电机带动转子加速到一定转速后,发动机喷油点火,开始工作。当转速较低时,转子进口相对气流为亚声速状态,此时发动机功率和流量均较低,效率也很低,但由于发动机启动过程是短暂的,只要有剩余功率能驱动转子迅速加速即可。当转子轮缘相对气流速度达到声速时,发动机转子由亚声进气转入超声进气。此时,气体在进气口前将实现类似于外压式超声速进气道的激波压缩,经过增压减速后的亚声速气流进一步在扩张内旋进气道里径向流入燃烧室,随着气体压力的增加,发动机效率、流量和功率均迅速增加,转速也将快速上升,当达到稳定工作转速(进口气流相对马赫数一般取 2~3 为宜)时,发动机进入设计工况,此时,空气通过进气口的系列激波进行冲压压缩后可以达到较高的压比,冲压压缩后的高压亚声速气流继续沿一扩张型的向心螺旋通道进入内置于转子中央的燃烧室,实现稳定燃烧。

　　2. 主要特点

　　IRBRR 发动机将有望兼具燃气涡轮发动机、冲压发动机和活塞发动机等热力发动机的各自优点,具有像冲压发动机一样的简单紧凑的结构、像燃气轮机一样的高功率输出,因而具有高功重比,并且具有应用范围广、寿命长、维修性好和燃料多样化的特点,既可用于各类飞行器(飞机、导弹和无人机)和重型车辆、坦克与舰船动力,具有广泛的军事应用背景,还可用于分布式燃气燃煤发电和厂矿企业动力等能源动力领域,以满足社会经济发展对简单价廉、高效环保的分布式能源动力的需要,其应用前景十分广阔。

8.5.3　激波诱燃冲压发动机

　　激波诱燃冲压发动机是一种新概念发动机,与一般的超燃冲压发动机类似,采用机身/发动机一体化设计,机身前段下斜面设计成为外压缩或混合压缩进气道,对来流进行压缩,机身中段下部为燃烧室,机身后段为排气喷管。利用飞行器前体/进气道细长的特点,在该位置就开始喷注燃料,并采取一定措施增强燃料的混合,使超声速来流与燃料在进入燃烧室前就达到了较好的预混效果,再通过燃烧室前的楔形产生定位激波,实现高速燃脊斗/空气混合物的快速燃烧,这样的点火方式被称为激波诱燃。该新型发动机的模型如图 8-12 所示,外压缩进气道在机身前段下部,从机身头部开始的第一级 AB 斜面产生的激波,形成从 A 到 C 的第一条等强激波,在该段进气道内向超声速压缩气流中喷入燃料,在第一条等强激波线后,燃料与空气混合,温度维持在 900K(氢气的着火温度)以下。在第二级 BE 斜面开始处,产生的激波形成第二条从 B 经 C(外罩唇口)的等强激波线,这条等强激波线使燃料和空气混合,高超声速混合气流进一步被压缩和升温(超过 900K),燃料被点燃,在进气口 EC 线处产生爆震波,混合气流在通过爆震波时被迅速点燃,在燃烧室充分燃烧,然后燃气流通过 EF 进入扩张喷管向后喷出,产生推力。

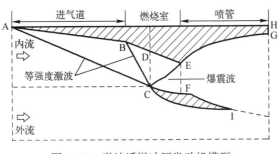

图 8-12　激波诱燃冲压发动机模型

1. 主要特点

激波诱燃冲压发动机作为未来吸气式高超声速飞行器最理想的动力系统之一,能有效弥补超燃冲压发动机与机身一体化设计所带来的缺点,研究表明:当来流马赫数在 12~16 之间,飞行动压为 67032Pa,燃烧室入口温度为 650~700K 时,激波诱燃冲压发动机的推力达到最大值,此时燃烧完全由激波诱导。同时,激波诱燃冲压发动机产生的推力和燃料比冲,相比最大推力爆震波冲压发动机,分别可以提高 10% 和 33.3%。相比其他形式的超燃冲压发动机,激波诱燃冲压发动机具有以下几个主要特点:

(1) 激波诱燃冲压发动机采用爆震形式组织燃烧,燃烧距离很短,这样燃烧室长度可大大缩短,可以有效减轻发动机本身及壁面冷却系统的结构质量,同时也可以减少壁面摩擦等带来的各种损失。

(2) 采用爆震燃烧可拓宽飞行马赫数范围,这样可以大大突破碳氢燃料超燃冲压发动机目前的工作马赫数上限,并保持较好的性能。

(3) 通过 CJ 斜爆震方式组织燃烧,熵增与总压损失都可大大下降,从而可以进一步优化发动机的推力性能。

2. 关键技术

从性能评价层面上来说,激波诱燃冲压发动机的应用前景非常诱人,它能加速热传递、减少进气道损失、缩短发动机尺寸、降低发动机整体质量和燃烧室冷却结构质量;但是在技术实现层面上,它却面临许多关键技术急待突破,包括稳定起爆的试验验证、混合、预防上游和边界层的先期点火、预防边界层分离以及发动机真实性能的评估。综合考虑,主要需要突破以下几个关键技术:

（1）燃料/空气的充分预混。通常情况下，在飞行器前体/进气道喷注燃料，会在一定程度上改变波系结构，造成前缘激波不能相交在外罩唇口，这样会造成溢流，大大降低推进系统的性能。因此，必须根据推进系统要求重新设计前体/进气道结构，使得燃料与空气在进入补燃室之前充分混合，为起爆并稳定燃烧做好充分的准备工作。

（2）预防先期点火。在高超声速来流条件下，燃料与空气在前体/进气道的混合过程很容易引起热边界层内预混气流的先期燃烧，所以采取有效的措施预防燃料与空气混合过程中的先期点火对于发动机的正常工作是很关键的。

（3）起爆与稳定燃烧。激波诱燃冲压发动机采用的起爆方式是激波诱导直接起爆，一般采用在超声速气流中加入楔形实体或钝头体产生斜激波来诱导直接起爆，该方法存在的问题是：如果楔形角度过小，斜激波角度很小将导致波后的温升和压升降低，因而可能难以直接起爆，或者所产生的爆震波难以自持稳定；如果楔形角度过大，将产生很强的斜爆震，导致很大的总压损失与气动阻力，因此必须合理选取楔形角度，以确保正常起爆并稳定燃烧。

8.6　冲压发动机的技术发展方向

8.6.1　一体化程度越来越高

20世纪五十年代至六十年代，美国的"波马克"（Bomarc）、英国的"警犬"（Bloodhound）等导弹采用可分离的固体火箭助推器将导弹加速到冲压发动机起始工作点。随着冲压发动机导弹发射平台的改变，对导弹的机动性和操纵性能要求越来越高，发展为冲压发动机与导弹成一体化构型（如美国"黄铜骑士"，Talos），助推器与冲压发动机为非整体式，即助推器既不与冲压发动机共用燃烧室，也不塞入冲压发动机燃烧室内，而是以串联或并联方式与导弹弹体相连。这种构型的结构特点是冲压发动机与固体火箭助推器串联在同一轴线上。随着冲压发动机研制的进一步发展，冲压发动机与导弹形成一体化构型，助推器与冲压发动机为整体式，即助推器或者与冲压发动机共用燃烧室，或者将助推器塞入冲压发动机燃烧室内。如美国的小体积冲压发动机（ALVRJ），先进的战略空中发射导弹（ASALM）等。

对超燃冲压发动机或组合循环发动机来说，发动机与飞行器机体的一体化程度更高，一方面需要兼顾机体的气动性能和发动机的推进性能，考虑二者的相互影响；另一方面在结构上将机体和发动机设计为一体。通常将超燃冲压发动机置于高升阻比下腹部，前体下壁面作为进气道外压缩段，后体下壁面作为喷管的外膨胀段。

从液体亚燃冲压发动机的发展历史来看，冲压发动机与导弹总体以及冲压发动机与固体助推器的一体化程度越来越高；从超燃冲压发动机或组合循环发动机来看，发动机与飞行器机体的一体化程度更高、耦合程度更深。总之，以超声速/高超声速巡航导弹、超声速/高超声速飞机和未来低成本可重复使用天地往返运输系统为应用背景的亚燃/超燃冲压发动机朝着冲压发动机一体化程度更高的方向发展。

8.6.2　工作空域、速度范围越来越大

早期研制的冲压发动机工作空域小，速度范围窄。如英国的"警犬"（Bloodhound）巡

航飞行马赫数为 2.0，飞行高度为 7km，射程为 20km；中国的 C101 和 C301 导弹冲压发动机，飞行马赫数为 1.8~2.0，飞行高度为低空 0.3~0.5km。随着冲压发动机应用背景的扩展，发射平台的多样化，冲压发动机的工作空域进一步扩大，飞行速度进一步增大。目前，飞行马赫数为 2.0~3.5，射程 250~800km 冲压发动机仍然在继续发展之中。如俄罗斯的"宝石"(SS-N-26)冲压发动机，巡航飞行马赫为 2.5~3.0，飞行高度约为 15km，射程约为 110~480km；印、俄联合研制的"布拉莫斯"，飞行马赫数 2.5~2.8，用于反舰和对陆(海岸)攻击，射程大约 290km。

随着液体亚燃冲压发动机的逐步发展，飞行马赫数为 4.0 左右、射程 1000km 以上导弹用冲压发动机，正日益受到重视，如美国海军提出的"FastHawk"导弹。冲压发动机作为导弹武器的动力装置，工作空域逐步扩大，速度范围逐步增大。

随着临近空间领域研究的深入，冲压发动机可以作为临近空间高动态飞行器的动力装置，也是各军事强国的研制重点之一。如美国 D-21 发动机，飞行马赫数为 4.0，飞行高度为 30km。美国着力研发性能更好的超声速/高超声速飞行器，"Falcon"计划应运而生，将研制水平起飞可重复使用高超声速巡航的飞行器，将采用 TBCC 组合发动机。以未来低成本可重复使用天地往返运输系统为应用背景的亚燃/超燃冲压发动机以及组合循环发动机的工作空域和速度范围进一步扩大。

8.6.3　几何结构可调且控制技术越来越复杂

从液体亚燃冲压发动机的研制历程来看，早期冲压发动机大多为工作状态较为单一、几何结构固定、一体化程度不高的发动机。随着冲压发动机工作空域的扩大、速度范围的增大，对冲压发动机性能要求的提高，需要采用冲压发动机几何结构可调技术。如"宝石"冲压发动机，采用了连续可调喷管。如果仅从进气道和发动机性能角度考虑，进气道是否可调主要取决于导弹总体规定的冲压发动机工作马赫数范围、马赫数的高低以及冲压发动机对进气道性能要求的高低。如果采用进气道可调的冲压发动机，则需要采用喷管可调技术。当然，冲压发动机喷管是否可调主要取决了喷管可调带来冲压发动机性能增加的程度以及尾喷管调节机构的复杂程度。

为了使几何结构可调冲压发动机性能得到充分发挥，需要对复杂几何结构的冲压发动机进行有效的控制，使其在一定工作状态下具有最佳的几何流道结构。同时，需要监测和控制几何结构调节(如喷管连续调节)与冲压发动机工作状态(如进气道的激波位置监测等)的关系等。

对于超燃冲压发动机或组合循环发动机，一般都需要工作在多个不同的模态，为了使每个工作模态都工作于最佳状态，需要对超燃冲压发动机或组合循环发动机的几何结构进行调节，并根据发动机的工作状态进行实时控制。几何结构的调节会带来冲压发动机结构复杂程度、控制技术复杂程度的增大，更会带来冲压发动机性能的增加，也将是冲压发动机技术发展的方向之一。

8.6.4　热防护技术难度越来越大

对液体亚燃冲压发动机来说，早期发动机的飞行速度较低，导弹或飞行器的外部气动加热带来的热载荷较低，热防护问题更多的是冲压发动机燃烧带来的热载荷，采用传统意义上的烧蚀冷却或气膜冷却便可以解决冲压发动机的热防护技术问题。但是,当马赫数大于4或4.5时,即对高马赫数的亚燃冲压发动机或超燃冲压发动机来说,传统意义上的这种热防护策略已变得不现实,而且也很难再用气膜冷却或隔热材料。通常的做法是采用再生冷却和内、外部的热防护方案来转移热载荷。再生冷却方式是由自带燃料承担或者需要额外的冷却剂。出于减少飞行器的体积与重量考虑,采用燃料最好。然而,往往满足飞行任务所需的燃料往往没有能力吸收所有飞行过程中产生的多余热量,致使需要携带更多的燃料,或者要带冷却剂。

热防护的目标就是合理地满足发动机热量的收支平衡。对于超燃冲压发动机来说,当前人们对吸热型碳氢燃料的关注更多,从某种程度而言,吸热型碳氢燃料的诞生也反映了热防护过程的发展变化。热防护经历了金属热沉式被动防护、早期循环换热式、涂层、合金材料、复合材料、吸热型碳氢燃料再生冷却及更为先进的能量旁路式主动热防护等。目前国内吸热型碳氢燃料已有试样,综合性能约能满足马赫数6的飞行,但是,热防护的重担不可能全都落在燃料肩上,需要综合考虑,比如吸热型碳氢燃料再生冷却+高温合金,或复合材料+隔热抗氧化涂层的热防护技术。随着亚燃冲压发动机飞行马赫数的提高,飞行射程的增大,热防护难度逐渐增大,马赫数增大到超燃冲压发动机工作范围时,发动机热防护技术就需要通过多种渠道综合考虑。总之,随着冲压发动机的发展,热防护技术的难度越来越大。

8.6.5 仿真、试验研制手段越来越完善

随着计算机和计算技术的发展,数值仿真计算在冲压发动机研制中的地位和作用越来越明显,各种通用仿真计算软件,如流场计算软件 Fluent、Fastran 和 CFD++等;结构强度计算软件 Nastran 和 Ansys 等;控制系统仿真软件 Matlab/DSpace 等;液路系统仿真软件 AMEsim 和 EASY5 等;优化设计软件 Optimus 和 iSight 等。

仿真计算软件发展越来越完善和成熟,在方案论证和方案筛选中的地位越来越重要。此外,针对冲压发动机的研制,还研制出了很多的专用设计软件,如法国的 ONERA 已经拥有两个工业型流场计算软件:ELSA 和 CEDRE。

在地面试验保障条件方面,如美国较为著名的试验研究中心有 NASA 的兰利试验研究中心、格林研究中心、美国空军实验室、GASL 等大型国家试验中心,这些试验中心的试验设施通过多年的建设和改造,已经形成了系列化的特点,从规模庞大的8英尺(2.44m)风洞到小型的原理性试验台,几乎是应有尽有。总的来说,通过近些年的发展,国外冲压发动机试验设施能力更强、测试手段更为领先,试验分析手段更为先进。

从冲压发动机技术的发展看,国外非常重视演示验证试验。在进入工程研制之前,采用多种手段如系统仿真、地面系统集成以及飞行试验来验证系统的匹配性。美国20世纪70年代研制的 ASALM,其动力系统就进行了大量的地面试验,还进行了7次飞行试验;"FastHawk"等也都进行了大量系统验证试验;作为高超声速飞行器动力装置的超燃冲压发动机也进行了多轮地面演示验证试验。法国为验证冲压发动机技术,还制定了 VESTA 和 RASCAL 等计划。总之,随着冲压发动机的研究和设计的深入,必将需求更多的仿真和地面研制保障手段;越来越完善的研制手段必将更快地促进冲压发动机的研制的发展。

第9章 组合发动机

组合发动机是指由两种或两种以上不同类型的发动机组合而成的一类新型发动机。其工作循环由参与组合的各类发动机的热力过程所构成,或者是在结构上共用某些主要部件,使总体结构简化。组合发动机往往综合不同类型发动机的优点,克服各自的短处,从而达到总体性能上的改善和提高,或者达到拓宽工作范围,满足飞行器发展的需求。目前参与组合的发动机类型有冲压发动机、涡轮喷气发动机和火箭发动机等。依照不同的组合及工作方式,构成了各类型的组合发动机。

9.1 组合的必要性及主要组合形式

目前,适合高速飞行的动力装置主要有燃气涡轮喷气发动机(TURBOJETS)、冲压发动机(包括亚燃冲压(RAMJETS)和超燃冲压(SCRAMJETS))和火箭发动机(ROCKETS)三种,每种发动机的比冲性能和最佳飞行轨迹如图9-1所示。可以看出,虽然火箭发动机工作范围最宽,但是比冲性能最差。马赫数小于4时燃气涡轮喷气发动机比冲性能最佳,马赫数为3~6时亚燃冲压发动机比冲性能最佳,而马赫数大于5时则为超燃冲压发动机。为了在宽广的飞行范围内保持发动机最佳比冲性能,必然要使用组合发动机(图9-2)。

目前常用的组合方式有两种:基于涡轮发动机的组合(Turbine Based Combined Cycle,TBCC)和基于火箭发动机的组合(Rocket Based Combined Cycle,RBCC)。其中涡轮基组合发动机的常用组合形式为涡轮发动机+冲压发动机(亚燃冲压、超燃冲压或双模态超燃冲压发动机),也称吸气式组合发动机;火箭其组合发动机常用的组合形式为火箭发动机+冲压发动机(亚燃冲压、超燃冲压或双模态超燃冲压发动机)。

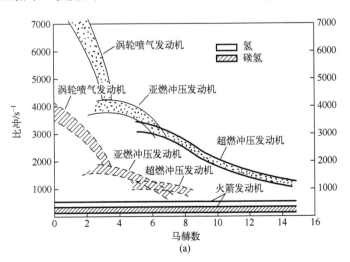

(a)

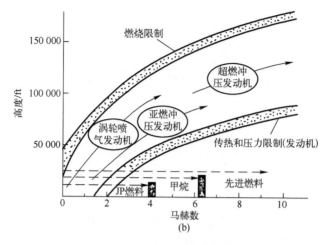

图 9-1　不同发动机比冲性能和最佳飞行轨迹比较[①]

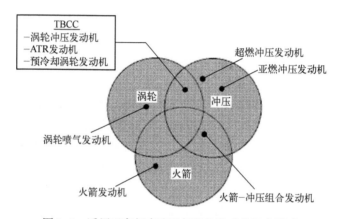

图 9-2　适用于高超声速飞行器的发动机组合形式

9.2　涡轮冲压组合发动机

9.2.1　采用涡轮冲压发动机的主要优势

通过对空天飞机分别采用涡轮冲压发动机和火箭发动机两种方式的进行对比,高超声速飞行器采用涡轮冲压发动机在以下方面具有较强的优势。

（1）具有较高的比冲性能。由于在低速时(马赫数小于4)涡轮喷气发动机比冲性能最好,而高速时冲压或超燃冲压发动机的比冲性能最好,因此在整个飞行马赫数范围,涡轮冲压发动机的比冲性能是最好的,其经济性也是最好的。以轨道飞行器为例,具有相同起飞总重的两种单级入轨飞行器,一种采用涡喷+火箭,另一种采用火箭,其轨道载荷率(轨道载荷/起飞总重)随飞行马赫数的变化如图9-3所示。涡轮冲压+火箭的飞行器轨道载荷率为0.3,是单纯采用火箭的飞行器的3倍(图9-3)。

（2）可以采用水平起降方式。由于涡轮喷气发动机的比冲性能较高,因此飞行器可以设计成具有飞机外形。具有水平起降能力的空天飞机有以下几个方面的好处:

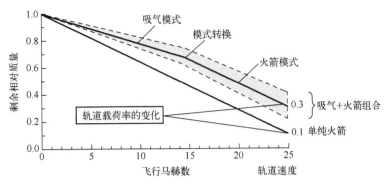

图 9-3 两种不同动力装置的飞行器轨道载荷率变化曲线

① 起飞总重可以进一步提高。由于飞机水平起飞时推重比一般为 0.5~0.7,而垂直发射的火箭推重比大于 1,因此在相同的推力情况下,飞机的起飞总重比火箭的起飞总重大得多。

② 可利用现有的基础设施。垂直起飞的火箭需要专用的、复杂的垂直装配厂地、专用的履带式的牵引车、发射塔等设施,而水平发射的飞机可利用现有机场、易于服务、具有自运送能力,随着起降地域的扩大,发射和回收的时间窗口也较大。

③ 安全性、可靠性大大提高。飞机的设计、生产、飞行、维护等方面已经有几十年的历史,具有很高的安全性和可靠性。图 9-4 是几种动力装置的飞行器可靠性的比较图,涡轮冲压的可靠性较火箭要高得多。在热防护(TPS)方面,由于涡轮冲压发动机比冲高,飞机携带燃料少、体积小,因此需要的热防护面积也小,任务可靠性高(图 9-5)。

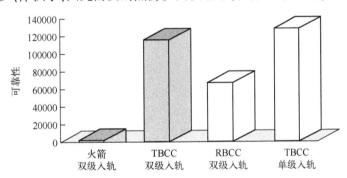

图 9-4　几种不同航天飞行器方案的可靠性比较

(3) 发射负载的增加对起飞总重的影响较小。这主要是因为涡轮冲压发动机的比冲较高,燃料占起飞总重的比例较小,在增加相同的发射负载的情况下,涡轮冲压燃料的增长幅度比火箭发动机要小得多。从图 9-6 可见,以吸气式发动机为动力装置的双级入轨飞行器发射负载增加时,飞行器起飞总重较火箭发动机为动力的飞行器小得多。

(4) 费用低廉。采用负载货物模块等 12 个模块对航天飞机、火箭、两级吸气式飞行器、单级吸气式飞行器、民航飞机的飞行费用进行了比较,如图 9-7 所示。以吸气式发动机为动力的单级入轨飞行器的每磅负载费用只是航天飞机的 11%、火箭的 12%。

(5) 技术的可拓展性强。涡轮发动机和冲压发动机都是比较成熟的产品,随着技术的发展,可逐渐采用新燃料(如氢)、新材料(如碳碳基复合材料)、新结构(如对转涡轮)等,可逐步使飞行器的速度从目前的马赫数 5~8 扩展到马赫数 12~15(图 9-8)。

157

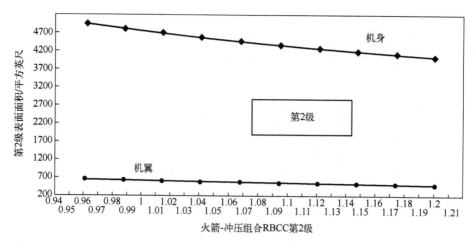

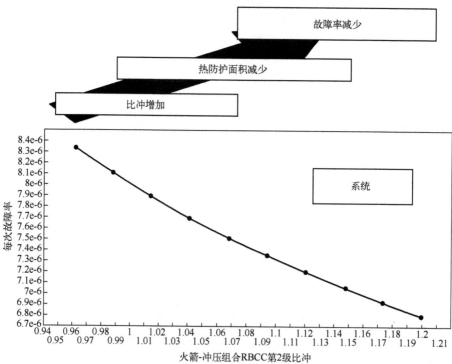

图 9-5　较高的比冲性能使任务可靠性增加

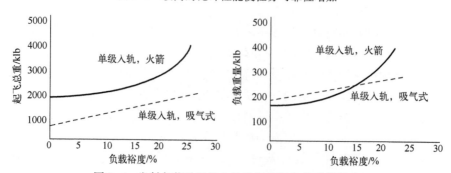

图 9-6　发射负载对双级入轨飞行器起飞总重的影响

158

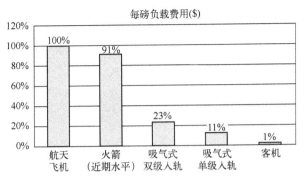

图9-7 各种飞行器的每磅负载费用比较

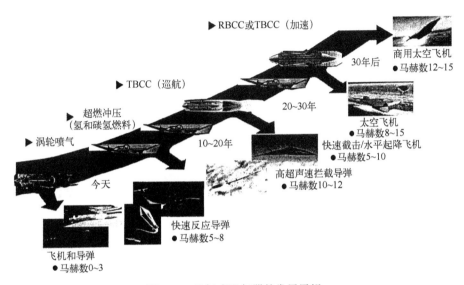

图9-8 吸气式飞行器的发展展望

9.2.2 涡轮冲压发动机布局

从结构布局来划分,涡轮冲压组合发动机布局形式主要有串联式布局和并联式布局两种。

串联式涡轮冲压发动机布局如图9-9所示,主要由进气道、旁路风门、燃气涡轮发动机、冲压燃烧室、尾喷管组成。在低速飞行时,旁路风门将冲压涵道关闭,涡轮冲压发动机以涡轮发动机模态工作(冲压燃烧室工作时,发动机为加力状态),发动机具有燃气涡轮发动机工作特性;在高速飞行时,为了防止气动加热和气动载荷增加造成燃气涡轮发动机损坏,燃气涡轮发动机为停车状态,旁路风门将涡轮涵道关闭,空气通过冲压涵道流入冲压燃烧室,涡轮冲压发动机以亚燃冲压模态工作,发动机具有亚燃冲压发动机工作特性。

串联式涡轮冲压发动机的布局特点是涡轮发动机和冲压发动机共用同一个进气道和尾喷管,涡轮发动机加力燃烧室和冲压发动机的主燃烧室也是共同的,结构比较简单,技术成熟度也较高。但是由于进气道和尾喷管的工作马赫数范围较大,流场变化较大,实现进气道/发动机/尾喷管工作的良好匹配具有较大难度。另外,由于串联式涡轮冲压发动机采用的是亚燃冲压发动机,因此其最大飞行马赫数一般不大于5。

159

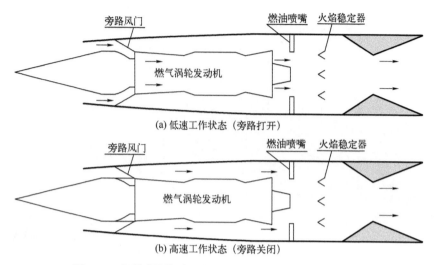

(a) 低速工作状态（旁路打开）

(b) 高速工作状态（旁路关闭）

图 9-9　串联式涡轮冲压发动机动力装置组成及工作原理

　　并联式涡轮冲压发动机布局如图 9-10 所示,主要由前体/低速进气道、燃气涡轮发动机和低速流道后体/尾喷管组成的低速推进系统和由前体/高速进气道、超燃冲压发动机和高速流道后体/尾喷管组成的高速推进系统两部分有机组合而成。在低速工作时,低速流道进气道支板和尾喷管支板放下,燃气涡轮发动机工作,涡轮冲压发动机以涡轮模态工作,发动机具有涡轮发动机工作特性;在高速工作时,低速流道进气道支板收起,与前体贴合形成高速流道的前体/进气道,低速流道尾喷管支板也收起,与后体贴合形成高速流道的后体/尾喷管,超燃冲压发动机工作,涡轮冲压发动机以超燃冲压模态工作,发动机具有超燃冲压发动机特性。

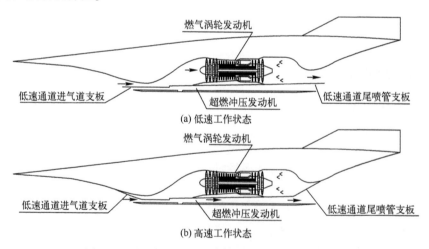

(a) 低速工作状态

(b) 高速工作状态

图 9-10　并联式涡轮冲压推进系统组成及工作原理

　　并联式涡轮冲压发动机的布局特点是有两个相互独立的流道:低速流道和高速流道。在共用部分前体和部分后体的前提下,每个流道拥有自己的进气道和尾喷管,动力装置工作时的相互影响较小,可以进行相对独立的设计和试验。由于超燃冲压发动机作为高速流道动力装置,因此并联式涡轮冲压发动机的最大工作马赫数可达 6 以上。但是由于低速流道和高速流道要共同部分前体和部分后体,因此设计既能满足低速动力装置工作需要,又能满足高速动力装置工作需要的高性能前体/进气道和后体/尾喷管具有较大的设计难度。同时并联式涡轮冲压发动机对涡轮发动机的要求也较高,要求其具有马赫数3.5~4.0的工作能力,而现役涡轮发动机的工作最大马赫数一般不超过3.0,所以设计研制具有马赫数4工作能力的涡轮发动机也是并联式涡轮冲压发动机设计的重点和难点工作。

9.2.3 涡轮冲压发动机工作状态转换

如前所述,在并联式涡轮冲压推进系统的整个飞行过程中,燃气涡轮发动机和超燃冲压发动机是分段工作的,存在一个工作转换问题。由于两种发动机在转换点的推力不能保证完全相等,转换机构(如低速进气道和尾喷管支板的收起和放下)也不能瞬间调节到位,因此燃气涡轮发动机和超燃冲压发动机需要共同工作一段时间。

图9-11和图9-12分别表示了采用并联式涡轮冲压发动机为动力装置的飞行器X-43B的飞行轨迹和工作状态转换。在$Ma<3.5$时,燃气涡轮发动机单独工作,涡轮冲压发动机为涡轮工作模式;在马赫数从3.5逐渐增大到马赫数4.5时,超燃冲压发动机点火工作,供油量逐渐增大、推力增加。而涡轮发动机供油量逐渐减小,推力减小。低速进气道支板和尾喷管支板逐渐收起。在工作转换马赫数范围内,涡轮发动机与超燃冲压发动机是共同工作的。到$Ma=4.5$时,涡轮发动机完全关闭,低速进气道支板和尾喷管支板也完全收起。当$Ma>4.5$时,超燃冲压发动机单独工作,涡轮冲压发动机为超燃冲压工作模式。

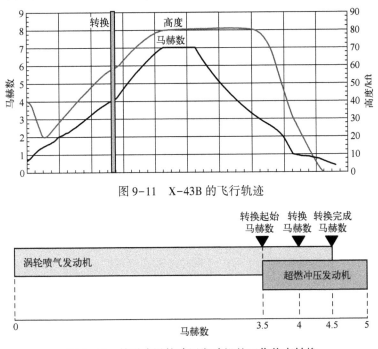

图9-11 X-43B的飞行轨迹

图9-12 并联式涡轮冲压发动机的工作状态转换

9.2.4 飞行器的典型飞行剖面

高超声速飞行器的飞行高度可达30km以上,飞行马赫数一般大于5,在如此宽广的

161

飞行范围内,飞行剖面的选择必须综合考虑机体结构、热防护、燃烧室燃烧稳定性等诸多因素的限制,如图9-13所示。合理地选择飞行剖面不但能够减小起飞质量、减少飞行成本、降低对各子系统(如推进系统、材料、气动外形等)的要求,而且也可为各子系统的设计提供参考数据。

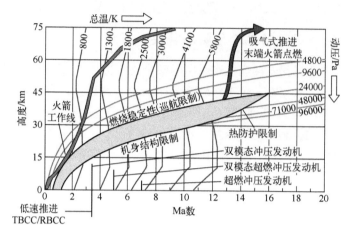

图9-13　高超声速飞行器典型飞行走廊

　　动压是高超声速飞行器飞行剖面选择时非常重要的参数,它的定义式为

$$q_0 = \frac{\rho_0 v_0^2}{2} \tag{9-1}$$

式中:ρ_0 为大气环境密度;v_0 为飞行器的飞行速度。

　　对飞行器来说,其升力 L 和阻力 D 均与动压 q_0 有关,即

$$L = q_0 C_L S \tag{9-2}$$
$$D = q_0 C_D S \tag{9-3}$$

式中:C_L 为飞行器的升力系数;C_D 为飞行器的阻力系数;S 为参考面积,一般为机翼面积。

　　飞行器设计时,如果选择的动压太大,则飞行器承受的气动载荷也大,相应地飞行器的强度要求越高,结构重量增大;如果选择的动压太小,为提供飞行器飞行所需要的机翼面积太大,飞行阻力也相应增大。所以在实际的高超声速飞行器设计中动压的选择范围是较小的,其范围一般是24~96kPa。

　　图9-14是路易斯研究中心(Lewis Research Center,LeRC)在进行涡轮冲压推进系统进气道设计时所考虑的飞行轨迹。在马赫数小于0.9时,涡轮发动机工作,达到高度11km后开始模态转换,冲压发动机点火,与涡轮发动机共同工作。在马赫数达到2.85、高度23km时,涡轮发动机关闭,涡轮冲压发动机转换为冲压工作模式,沿79kPa等动压线飞行。此方案涡轮冲压推进系统的转换马赫数范围较宽,虽然降低了对涡轮发动机的性能要求,但是由于低速流道和高速流道流场的相互影响,也大大增加了进气道和尾喷管的设计难度。

　　图9-15是MSE公司进行喷水预冷却发动机性能研究时给出的飞行器飞行剖面。飞行器在地面起飞后,首先加速到马赫数0.9,然后以等速爬升方式升至高度9km,水平加速至60kPa等动压线,最大飞行马赫数6,涡轮与冲压转换马赫数4.0。

162

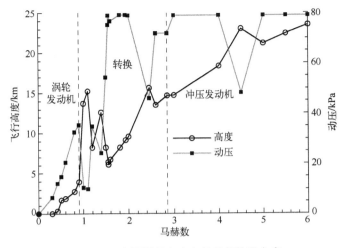

图 9-14　路易斯研究中心的飞行轨迹方案

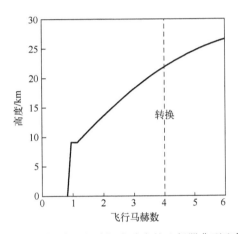

图 9-15　以涡轮冲压发动机为动力的飞行器典型飞行剖面

9.2.5　性能变化规律

文献[11]低速流道采用涡轮级间燃烧室发动机,高速流道采用超燃冲压发动机开展了并联式涡轮冲压推进系统性能研究。其中涡轮级间燃烧发动机的参数选择如表 9-1 所列。

表 9-1　涡轮级间燃烧发动机设计点参数

进气道总压恢复系数	MIL-E-5008B	压气机总压比	22
风扇效率	0.87	高压压气机效率	0.88
涵道比	0.8	主燃烧室出口温度	1700K
燃烧室出口最高温度	1850K	涡轮冷却系数	15%
涡轮级间燃烧室出口温度	1850K	高压涡轮效率	0.88
低压涡轮效率	0.89	喷管速度系数	0.99

整个并联式涡轮冲压推进系统的工作过程为:地面起飞时,涡轮冲压发动机为涡轮级间燃烧发动机模态。涡轮级间燃烧发动机在地面以最大状态起飞,水平加速至 $H=0km$、马赫数0.9,然后等速爬升至 $H=6km$ 高度,发动机打开加力,以加力状态继续爬升至 $H=11km$、马赫数0.9,再水平加速至 $H=11km$、马赫数2.0,沿63.5kPa等动压线飞行至马赫数3.5,超燃冲压发动机点火,进入工作状态转换阶段。此时,涡轮级间燃烧发动机关闭加力,进入节流状态,低速流道进气道支板和尾喷管支板逐渐收起。超燃冲压发动机供油量逐渐增大,至 $H=19.8km$、马赫数4.0时工作状态转换完成,低速流道进气道支板和尾喷管支板完全收起,ITB发动机完全关闭,涡轮冲压发动机转入超燃冲压发动机模态加速至 $H=25km$、马赫数6.0。

发动机推力性能和比冲性能变化如图9-16、图9-17所示。图中各飞行段的飞行高度、马赫数、发动机状态等如表9-2所列。

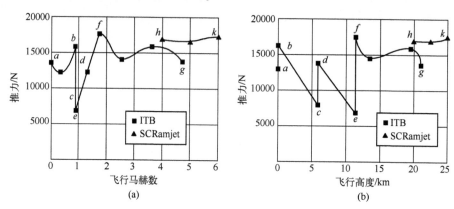

图9-16　涡轮冲压发动机推力性能沿飞行剖面的变化

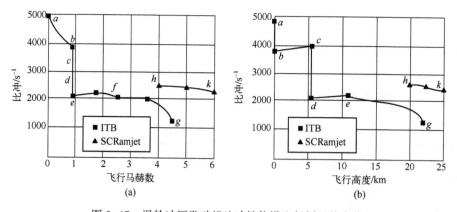

图9-17　涡轮冲压发动机比冲性能沿飞行剖面的变化

表9-2　各飞行段标注说明

飞　行　段	高度/km	马　赫　数	发动机状态	说　　明
$a-b$	0	0~0.9	最大状态	涡轮发动机
$b-c$	0~6	0.9	最大状态	涡轮发动机
$c-d$	6~11	0.9	加力状态	涡轮发动机

飞 行 段	高度/km	马 赫 数	发动机状态	说 明
$d-e$	11	0.9~2.0	加力状态	涡轮发动机
$e-f$	11~18.2	2.0~3.5	加力状态	涡轮发动机
$f-g$	18.2~19.8	3.5~4.0	工作状态转换	涡轮+超燃冲压
$g-h$	19.8~25	4.0~6.0	最大状态	超燃冲压

从图 9-16 可见，在 $a-b$ 段，随着飞行马赫数的增大，涡轮级间燃烧发动机推力是先减小后增大；在 $b-c$ 段，涡轮级间燃烧发动机的推力随高度的增加而减小，在 $H=6km$ 处达到了推力谷底；在 $d-e$ 段发动机进入了加力状态，c 点到 d 点推力突升。随着飞行高度的持续升高，发动机推力减小，到 e 点达到发动机推力的最低点。在 $e-f$ 段，发动机推力随飞行数增大而增大，在马赫数 1.9 左右达到最大推力。在 $f-g$ 段，涡轮级间燃烧发动机推力先减小后增大，在马赫数 3.7 后推力急剧减小。在 $h-k$ 段，超燃冲压发动机推力随着飞行马赫数增大单调增加。

从图 9-17 可见，在 $a-b$ 段，随着飞行马赫数的增大，涡轮级间燃烧发动机比冲是单调减小的。在 $b-c$ 等速爬升段，涡轮级间燃烧发动机的比冲随高度的增加稍有增大，在 c 点比冲突降是由于发动机进入了加力状态引起的。在 $d-e$ 水平加速段，发动机比冲随飞行数增大变化不大。在 $f-g$ 段，涡轮级间燃烧发动机比冲减小，在马赫数 3.7 后急剧减小。在 $g-h$ 段，超燃冲压发动机比冲随着飞行马赫数增大单调增加。

9.3 火箭冲压组合发动机

9.3.1 基本原理及性能优势

对于火箭发动机来说，比冲低是它的重要缺点。虽然在火箭技术发展过程中曾作了许多努力，研制了不少高能推进剂，但是要想进一步大幅度地提高比冲是十分困难的。目前固体火箭发动机的比冲一般在 2000~3000m/s 左右，液体火箭发动机的比冲在 2600~4000m/s 左右。将火箭发动机与冲压发动机组合成为火箭—冲压组合发动机以后，充分发挥了火箭喷出的高能射流对低能空气流的引射增压作用，在性能上兼备了两种发动机的优点：

（1）与火箭发动机相比较，组合发动机可得到高得多的比冲。固体火箭冲压发动机的比冲大约在 6000~12000m/s 之间。

（2）与喷气冲压发动机相比较，最明显的优点是结构简单，工作的可靠性高。因为固体火箭冲压发动机没有运动部件，且把贫氧推进剂的富燃燃气当作燃料供给冲压发动机的燃烧室，所以也就没有与输送液体燃料有关的部件，不需要火焰稳定器之类的部件，这样不仅使其结构简单了，而且不需要战时加注燃料，使战斗的机动性也大为改善。在固体火箭冲压发动机工作过程中，燃气发生器始终提供了不熄灭的强大点火源，因而不需要预燃室和点火器之类的部件，这样发动机也就不会发生熄火这样严重的问题了，增大了发动机工作的可靠性。

9.3.2　火箭冲压发动机分类

火箭冲压发动机的分类方式有多种,常用的分类方式是按照燃气发生器使用的推进剂不同,火箭冲压发动机可分为液体火箭冲压发动机、固体火箭冲压发动机和混合火箭冲压发动机。不论是液体推进剂还是固体推进剂,它们都是贫氧推进剂。

按照是否设置单独的引射室(引射器),可将火箭冲压发动机分为有单独引射室的引射式火箭冲压发动机,另一类就是不单设置引射器的火箭冲压发动机。

按照燃烧方式,火箭冲压发动机可分为亚声速燃烧火箭冲压发动机和超声速燃烧火箭冲压发动机。此外,还有按照推力和推进剂流量能否可调来分类,或按结构上的特点来分类等。

在火箭冲压发动机的发展过程中,有些文献曾将不设置单独引射室的火箭冲压发动机看作是以火箭发动机(燃气发生器)为主体,而将冲压空气看作是增加工质质量、增大燃烧完全程度,称该类发动机为"空气加力火箭"或"管道式火箭发动机"。

固体火箭冲压发动机首先在防空导弹上得到了应用。这是由于固体火箭冲压发动机具有系统结构简单、使用方便、比冲较高(使用中等热值的贫氧推进剂,发动机比冲可达6000(N·s/kg)、工作可靠等优点。其缺点是发动机工作调节困难,弹道难以控制,工作时间受固体药柱结构尺寸的限制使工作时间不宜过长。

与固体火箭冲压发动机相比较,液体火箭冲压发动机的工作时间要比固体火箭冲压发动机的长,而且燃气发生器的流量及余氧系数均可调节。其缺点是系统结构复杂,增加了导弹的质量,所需地面设备也多。

不同类型的火箭冲压发动机在工作原理、结构及性能上存在一些差异,比如是以"火箭"占主要作用,还是以"冲压"占主要作用,或是二者并重。但作为一种组合式空气喷气动力装置,火箭冲压发动机的工作过程所涉及的基础原理,均包括空气冲压、火箭燃烧、喷气推进原理,引射器混合增压原理和分级燃烧组织原理。

9.3.3　火箭冲压发动机的主要方案及其工作原理

9.3.3.1　固体火箭冲压发动机

1. 组成

固体火箭冲压发动机有时又称为管道火箭(Ducted Rocket)。由图9-18可以看出,所谓一体化固体火箭冲压发动机由两大部分组成,一是固体火箭助推器(Booster),它有自己专用的尾喷管,助推器药柱就储存在共用的燃烧室中。助推器工作后,助推器药柱燃

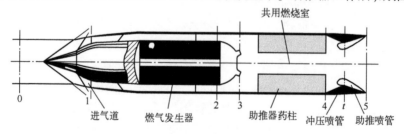

图9-18　固体火箭冲压发动机

烧完毕,腾出了燃烧室的空间,并且助推器的专用尾喷管脱落,进气道出口的堵盖打开,这时就成为固体火箭—冲压发动机了,这是一体化固体火箭冲压发动机的第二个组成部分。

固体火箭冲压发动机一般由以下几个主要组成部分构成:

(1)进气道(Intake)。这是实现冲压发动机压缩过程的部件。

(2)燃气发生器(Gas generator 或 Primary Combmtion Chamber)。它也是一个固体火箭发动机,只是通常采用贫氧固体推进剂。推进剂在火箭室中进行初次燃烧,因为推进剂是贫氧的,所以初次燃烧为不完全燃烧。初次燃烧的产物从火箭发动机的喷管排出,进入冲压发动机的燃烧室中,这股具有很高温度和动能的火箭发动机射流与经过进气道来的空气进行引射掺混,并进行补充燃烧(补燃)。

(3)引射掺混补燃室(Ram Combustor 或 Secondary combustion Chamber)。也就是冲压发动机的燃烧室,在这里实现引射增压过程和二次燃烧过程及补燃过程。在有的发动机方案中,引射增压室与补燃室是分开的。

(4)尾喷管。实现燃气膨胀过程的部件。

(5)自动调节系统。如果发动机不进行调节,则不需要自动调节系统。

组合发动机的工作过程,显然与冲压发动机一样也包括了压缩过程、燃烧过程及膨胀过程这样三个基本过程,然而它的压缩过程和燃烧过程有了自己独特的特点。组合发动机的压缩过程不仅包含了普通的速度冲压作用,而且还包含了火箭发动机高温高速射流的引射增压作用。组合发动机的燃烧过程通常包含两个部分,即贫氧推进剂在火箭燃烧室中的初次燃烧过程和在冲压发动机燃烧室中的二次燃烧过程。上述这些特点与一般的冲压发动机或火箭发动机不同的。

从火箭—冲压组合发动机的工作过程来看,它基本上属于空气喷气发动机的一个类别,而不像火箭发动机那样其工作过程与飞行状态基本无关。

2. 引射冲压发动机

在引射冲压发动机方案(图9-19)中,火箭发动机的排气只起引射掺混作用,它基本上按化学当量比工作,或虽小于化学当量比但排气温度小于射流与空气的点火温度,因此没有补燃过程。但是在掺混后的气体在进入冲压发动机的燃烧室后,再喷入燃油进行燃烧,因此,采用这种方案的组合发动机,其冲压发动机既可以与火箭发动机共同工作,也可以在火箭发动机停止工作后单独进行工作。

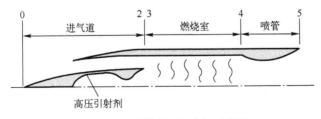

图9-19 引射冲压发动机示意图

引射冲压发动机有引射模式、冲压模态和纯火箭模式三种典型工作模式(图9-20)。当发动机飞行速度较低时,采用引射模式工作,即火箭高速射流引射外部空气,新鲜空气与火箭喷出和贫氧燃料进行二次燃烧,增加了火箭发动机的工质流量和推力,从而提高了发动机的比冲性能;当高速飞行时,火箭发动机关闭,发动机采用冲压模式工作,整个推进系统相当于一台冲压发动机(可以亚燃或超燃方式工作);当飞行时极高速或外太空时,发动机采用纯火箭模式工作,整个推进系统相当于一台火箭发动机。

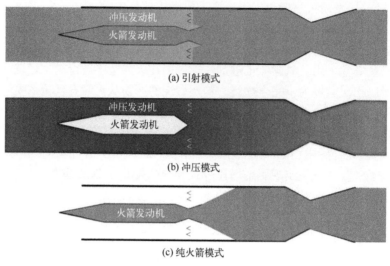

图 9-20　引射冲压发动机三种工作模式

引射冲压发动机具有飞行范围广的特点,比冲性能较火箭发动机也高得多,适宜用作可重复使用的空气喷气助推器以及高超声速巡航飞行器动力装置。它的缺点是:结构复杂,控制也比较复杂,不大适合于一次性使用的战术导弹。

9.3.3.2　整体式液体燃料冲压发动机

1. 组成

将固体燃气发生器用液体燃料来代替则形成液体冲压发动机(Conventional Liquid Fuel Ranljet,CRJ),它在布局和结构方面有其自身的特点。通常,它的尺寸大且比固体冲压发动机工作范围宽,燃烧室内供油管、火焰稳定器和壁面冷却装置必不可少;在不同速度和高度下飞行时,燃油流量和尾喷管尺寸可调。

具体到实际所使用的导弹型号,固体火箭冲压发动机最适合于小型的空空导弹和地地导弹,液体冲压发动机最适合大型的空地导弹和地地导弹。

对不同的发射方式(从空中、地面和潜艇)而言,从导弹发射到冲压发动机开始工作的时间有很大的差别,因此决定了助推装药量的不同。

在空地小型导弹($d=350\sim450mm$)的冲压发动机设计中,由于容积的严格限制,需要尽可能采用简化的结构措施:如在没有稳定器的发动机头部组织稳定燃烧;在燃烧室进口处安置固定的头部组件,并装有不可调超声速尾喷管(kH-31 导弹);燃烧室壁面尽量采用热防护层(如 ASALM 型式)代替气膜冷却(图 9-21)。

另一个一体化方案是将固体推进剂助推器连同其壳体置于液体燃料冲压发动机燃烧室中。这种方案用于发射质量大和发动机工作时间长的空地导弹和地地导弹上。在燃烧室壳体中,发动机一些紧凑的结构上难以加工制造的元件、部件和组件(如展开式供油管和火焰稳定器、喷口调节机构等),应尽量装于可能小的空间内,以便最大程度地装入固体推进剂。

168

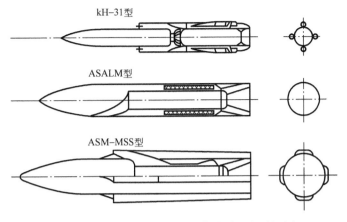

图 9-21　不同类型和用途的整体式冲压发动机原理

2. 主要特点

固体火箭发动机要实现飞行中的调节,有一定的局限性。液体火箭冲压发动机与之相比,可调范围较宽。自动调节系统是液体冲压发动机的基本组成部分,其加工质量会影响到导弹的飞行性能。必须使冲压发动机能够在各种复杂的飞行弹道飞行,此时飞行高度和速度会在很大范围内变化。这就要求在飞行弹道的不同阶段,发动机推力和燃油消耗量在很大范围内变化。发动机自动调节系统和飞行器控制系统必须采用组合算法以便在所有飞行路径下提供所需要的推力。因此发动机内部参数和飞行器控制系统参数,都被用来调节油量。

液体火箭发动机非常适合于沿低空弹道、高空弹道和混合型弹道飞行。由于其推力调节的灵活性,液体冲压发动机导弹比固体火箭冲压导弹有较佳的沿弹道协调参数。

由于液体冲压发动机是一种相当新的推进系统,预计其未来的发展前途有多方面的亮点,如选用更高能燃料、更有效的调节系统模式、新型材料、更轻的结构、外部气动性能的提高等。液体冲压发动机在导弹上许多成功使用的实例,体现了它的诸多优点。

9.3.3.3　固体燃料冲压发动机

1. 组成及特点

固体燃料冲压发动机(Solid Fuel Ramjet,SFRJ)是一种自带燃料,利用空气中的氧进行燃烧的新型吸气式发动机,其典型结构由进气道、主燃烧室、后燃室和喷管组成,如图 9-22 所示。

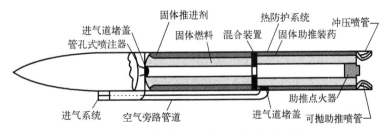

图 9-22　固体燃料冲压发动机结构示意图

与传统的火箭发动机和冲压发动机相比,SFRJ无须推进剂供应与控制系统,因而结构简单;SFRJ利用空气作氧化剂,因而比冲高,其比冲可达9000~10000m/s,是固体火箭发动机的3~4倍。

SFRJ的燃烧为扩散控制的燃烧,燃料燃烧的能量沿燃烧室的轴向分散释放,因而燃烧很稳定,国外数百次的燃烧室点火试验,没有观察到不稳定燃烧现象;SFRJ自身只带燃料,因而发动机的储存和使用都很安全。SFRJ的这些优点使得它将成为未来超声速战术导弹、增程炮弹、增程火箭弹和动能武器的首选动力装置。

国外早在20世纪30年代就考虑将固体燃料冲压发动机作为导弹的推进装置。许多国家和地区都开展了SFRJ的研究工作,包括印度、德国、以色列、荷兰、俄罗斯、瑞典和美国,其中德国、以色列、荷兰和美国发表了有关的试验研究的文章。另外据报道,瑞典也在进行以SFRJ为动力导弹的研制工作。美国的某些公司和JANNAF的报告中包含了早期大多数的工作。早期的设计采用金属推进剂和高旁路比,以获得较高的燃烧效率,并且在燃料药柱中加入不同数量的氧化剂以增强火焰稳定性和点火可靠性。但是由于推进剂等相关技术未取得较大进展,SFRJ一直处于试验研究阶段。直到80年代,推进剂研究趋于成熟,且已基本掌握了SFRJ的工作特性,SFRJ开始由实验室走向工程应用。

为了适应对战术导弹高超声速飞行的需求,目前美国和以色列等国还进行了双模态固体燃料冲压发动机理论研究,分析了SFRJ在高超声速飞行时的工作性能,图9-23所示为发动机的结构示意图。

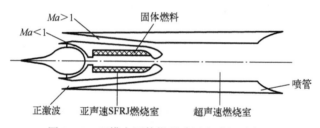

图9-23 双模态固体燃料冲压发动机示意图

试验研究用的典型燃烧室基本上是一个中空的圆柱体,内部放有中空的圆柱体固体燃料,入口空气流过固体燃料的内孔。一个通常使用的燃烧室包含有一系列不同的区域和特征:①头部的空气入口部分和突扩台阶;②放置有固体燃料的主燃烧室;③后混合室,通常在其前端还装有掺混板;④尾部喷管。燃烧室中的固体燃料的燃烧主要通过边界层扩散火焰完成,因此速度很慢,效率很低。为了提高整个燃烧效率,后混合室是非常必要的,在这个区域,为保证燃料与空气的反应得以完成,有时还在后混合室部分装有旁路注入空气。在使用含有金属粒子的固体燃料的情况下,为了获得比较理想的燃烧效率,必须让入口空气产生涡流或者在后混合室使用旁路注入空气。

2. 应用前景

固体燃料冲压发动机由于其独有的特点将在下一代导弹动力装置中占有重要地位,开展固体燃料冲压发动机及其相关应用技术研究具有很重要的实际意义,固体燃料冲压发动机一旦研制成功将大大提高战术导弹的作战性能。

在炮弹增程方面,用固体燃料冲压发动机可以显著改进炮弹的终点速度、动能和射程等性能。在给定射程下,能使飞行时间缩短,弹道平直,因而容易瞄准目标,增加打击力。

9.4 空气涡轮火箭组合发动机

9.4.1 基本结构和工作原理

空气涡轮火箭发动机(Air Turbo Rocket,ATR)是涡轮基组合循环发动机(Turbine-based Combined Cycle,TBCC)的一种特殊类型。基本工作原理是(图9-24):使用独立于空气系统的富燃燃气发生器,驱动涡轮带动压气机工作,大气中的空气经过压气机增压后直接进入涡轮后的燃烧室,在燃烧室内和经过涡轮做功后的富燃燃气进行燃烧,生成高温燃气通过喷管膨胀产生推力。ATR作为火箭发动机和航空发动机的有机融合,其比冲性能高于火箭发动机,推重比高于航空发动机,速度、高度适应范围广,技术难度适中,是可在较短时间内应用于我国临近空间飞行器的新型动力系统。

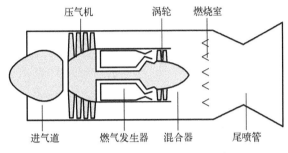

图9-24 ATR发动机工作原理示意图

根据燃气发生器所采用的燃料不同,可将ATR分为固体燃料推进剂和液体燃料推进剂两大类(图9-25)。由于ATR发动机飞行时,进入发动机的空气流量、空气总温、总压等均变化较大,会引起压气机功、涡轮功较大的变化,所以燃烧室所需要的推进剂流量变化幅度很大,必须要设置能够深度节流的燃料供应调节阀。

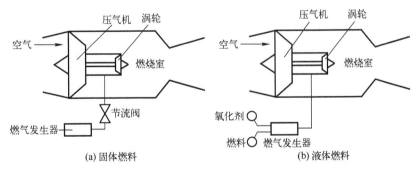

(a)固体燃料

(b)液体燃料

图9-25 两种典型类型的ATR发动机结构

9.4.2 发展情况

9.4.2.1 美国

早在1932年,美国火箭之父戈达德就提出了空气涡轮火箭发动机概念,但是由于航空发动机、火箭发动机方面的专业技术跨度,跨领域的空气涡轮火箭发动机没有得到深入研究。随着远程打击、高空高速突防等现代战争概念的提出,地空导弹、空地导弹、无人机等武器装备越来越高,相关各项技术得到蓬勃发展,原先火箭发动机、航空发动机或冲压发动机等传统动力系统,在满足军用飞行平台的低成本、高空高速工作、高速机动等动力要求方面出现困难。ATR 工作空域范围大,速域范围宽,结构简单、易于实现等潜力、特点逐渐得到美国军方的重视和认可。从 20 世纪 80 年代开始,在美国空军、海军支持下 Aerojet、AMCOM、CFD RC、刘易斯研究中心等研究机构和马里兰大学、密苏里大学等高校相继开展了各类 ATR 试验研究,进行了大量的地面试验,并提出了多种 ATR 总体应用方案,展示出 ATR 在战术导弹应用方面的巨大技术优势。Aerojet 公司是美国较早开展 ATR 技术的单位之一,研究结果表明 ATR 在亚声速条件类似涡喷发动机、在超声速条件下类似冲压发动机,比同尺寸加力式涡喷发动机具有更大的静推力,能自加速到超声速状态,最大飞行马赫数可达到 6。

Aerojet 公司于 1982 年组建了试验系统,并成功完成了首次地面热试车试验,获得了肼单组元 ATR 实测性能参数,证实这种新型组合动力具有明显性能优势、良好应用前景和较高实现性。随后,美国空军开始支持 Aerojet 公司开展适用于地面发射导弹、巡航导弹、远程导引飞行器、靶机等高速飞行器高性能动力研究,Aerojet 公司开始了固体发生器 ATR(SFGG/ATR)工程应用研究。

另外,Aerojet 公司为美军导弹司令部(Army Missile Command,MICOM),研制了一个推力量级为 1000N(250lbf)的液体单组元 ATR 发动机试验件。MICOM 联合其他几家公司利用此试验件通过热试车演示验证了 ATR 系统性能和关键组件设计要求,评估了 ATR 作为战术导弹动力系统的可能性。

MICOM 的单组元 ATR 发动机是利用活塞发动机的涡轮增压器、液体火箭发动机等其他动力方式的现有产品组装而成的原理性验证样机。共进行了 39 次 ATR 点火试验,获得了大量试车数据,考核了 ATR 节流特性以及喷管喉部直径、空气涵道比、混流器结构等各种因素对 ATR 性能的影响。实现推力调节范围为 70~1525N,地面最高比冲达到 6860N·s/kg,发动机性能是火箭发动机的 3 倍以上。

从 1990 年开始美国 CFD 研究公司(CFD Research Corporation)在美国空军合同的支持下,开始致力于战术导弹用固体 ATR 和肼单组元 ATR 研究,对 ATR 系统方案、总体应用进行了全面研究,对 ATR 的进气道、压气机、涡轮转子系统、发生器、栓式节流阀、燃烧室等组件和单项技术进行深刻分析,并形成了大量的文献资料。

CFD 研究公司历时 5 年重点对推进剂、涡轮转子系统、燃气节流阀等关键组件完成试验后,完成了直径为 76mm 的缩尺 ATR 试验样机和 3000N 量级的固体 ATR 地面验证试验件研制,使工程化研究和应用向前推动了一大步。

在完成了 ATR 验证机的地面试验后,CFD 研究公司于 1999 年组装了 ATR 飞行样机,并参加了飞行试验。ATR 飞行样机长约 0.76m、直径约为 178mm,设计工作点为马赫数 3、9km。飞行试验中,导弹很快爬升到 7.6km,在马赫数 2.5 的巡航速度下射程超过了 90km。

在 ATR 应用方面,CFD 研究公司进行了大量研究:利用微型空中发射诱饵(MALD)飞行器更换 ATR 动力形成新型低成本巡航导弹拦截弹;先进地面火力支援系统(GLFS)将可调推力固体推进剂火箭发动机更换为 ATR 后射程提高 3 倍以上,而且大大提高了飞行器任务灵活性;空射对地攻击武器将双推力固体火箭发动机更换为 ATR 后射程也大幅度提高。

除了上述机构外,近年来美国马里兰大学、密苏里大学等高校完成了针对 ATR 的部分理论研究工作。

9.4.2.2 日本

日本也是最早提出和开展 ATR 研究的国家之一,日本把 ATR 和超燃冲压发动机并列为未来运载火箭的动力系统。ATR 用作高超声速飞行器或两级入轨(TSTO)可往返式空天飞机的推进系统,在 6min 以内使飞行器沿动压为 50kPa 的飞行轨迹,从海平面静止状态达到高度为 30km、马赫数 6 飞行状态。日本航空航天科学研究所(ISAS)从 1986 年开始膨胀式循环空气涡轮火箭发动机 ATREX 的研究。ISAS 于 1990 年研制了进气道直径为 300mm 的 ATR 地面缩尺试验件,并从 1990 年 9 月到 1992 年 11 月期间完成了 30 次海平面静态试验,总试车时间 1190s。1995 年为 ATREX-500 研制了再生冷却燃烧室和空气预冷器,2001 年采取了将叶尖涡轮方案改为常规后涡轮、降低涡轮入口温度等改进措施。随后在 ISAS 超声速风洞试验室(马赫数 1.5~4.0)和美国格林超声速风洞试验室(马赫数 3.5~6.0)获得了 ATR 从起飞状态到加速到马赫数 6 的工作特性。截至 2003 年,日本共完成包括地面静态试车、地面风洞试车在内 63 次 ATR 热试车,总试车时间为 3600s。日本战术武器 ATR 试验件如图 9-26 所示。

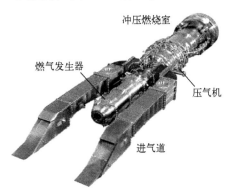

图 9-26　日本战术武器 ATR 试验件

目前日本正在执行 ATREX 飞行验证试验,第一阶段是以固体火箭发动机为动力的飞行试验平台 FTB;第二阶段是以 ATR 为动力的飞行试验平台 FTV,ATR 将 FTV 从地面静止状态加速到马赫数 6,利用固体火箭发动机作为二级发动机,将 100kg 有效载荷送入低轨道。日本在进行以民用航天运载器动力系统为应用背景的膨胀循环式 ATR 研究的同时,在军方支持下日本国防部技术研究发展局(TRDI)从 1995 年开始执行了以靶机、巡航导弹、超声速无人轰炸机(UCAV)等武器系统为应用背景的 ATR 基础研发计划。TRDI 研制了固体发生器、双组元液体发生器,新型单级双排叶片高压比轴流式压气机、可调喷管和可调进气道等组件,组建了 ATR 试验件。完成了 ATR 地面静态试车和冲压发动机直联试车台上的飞行模拟试车。

9.4.2.3 其他国家

除了美国、日本长期进行 ATR 关键技术研究外,德国曾将 ATR 作为其空天飞机概念研究的动力。近年来随着 ATR 技术发展成熟,很多国家开展了 ATR 关键技术研究和跟踪分析工作。特别是近年来一些动力相对不发达的国家对 ATR 技术的兴趣大大增加,如欧洲的瑞典、丹麦对 ATR 在空射战术导弹上的应用进行了对比分析,认为和小推力航空发动机、火箭发动机相比,ATR 在成本、性能、多任务适应性方面具有一定优势。印度等国家也开始关注和研究 ATR 动力技术,已完成了两种典型飞行条件下的组件性能分析,分别是高度 6km,马赫数 2.0 以及高度 9km,马赫数 3.0 两种工况;研究的主要目的是确定最大比冲所对应的推进剂混合比,并对传统的涡轮方案以及叶尖涡轮方案进行了对比分析,此外还进行了马赫数 1.0 时的非设计点性能分析。

第 10 章 新概念发动机

未来的航空发动机将朝着不断改善性能,降低成本,提高可靠性、安全性和维修性的方向发展,而且,今后对航空发动机的污染和噪声要求也将更为严格。为满足航空发动机发展的更高要求,人们在继续提高传统燃气涡轮发动机技术水平的同时,也正在探索新型的航空发动机。

10.1 脉冲爆震发动机

脉冲爆震发动机(Pulse Detonation Engine,PDE)是一种基于爆震燃烧的新概念发动机。爆震燃烧产生的爆震波使燃料的压力和温度迅速升高。因此,基于爆震燃烧的发动机可以不用传统的压气机和涡轮部件就达到对气体进行压缩的目的,使结构大大简化,成本大大降低。此外,由于爆震波的传播速度极快,达到每秒几千米,因此,整个燃烧过程接近定容燃烧。由于定容燃烧的热循环效率大大高于定压燃烧(普通的航空喷气发动机都是定压燃烧,燃烧效率为27%,而PDE定容燃烧的效率可达49%),因此,采用爆震燃烧的推进系统可大大改善性能。当爆震频率很高时(达到80~100Hz),就可以产生近似连续的推力。

10.1.1 发展历史

爆震燃烧的研究最早可追溯到20世纪40年代。但由于这种燃烧过程的非稳态特性的理解以及理论计算和实验诊断手段的欠缺,因此一直没能取得突破性进展。20世纪80年代中期,随着燃烧计算方法和实验诊断技术的发展,使人们研究实用的PDE推进系统成为可能,PDE的概念进入了实质性发展阶段。美国海军研究生院、Adroit公司等机构首先开展了爆震燃烧发动机的理论和实验研究,并定义了脉冲爆震发动机的概念。

20世纪90年代,PDE进入了全面发展时期。除美国外,加拿大、法国、以色列、日本、俄罗斯、瑞典也纷纷投入经费和制定计划,开展PDE的研究。目前已研制出结构上满足航空航天推进的高频(大于60Hz)脉冲爆震燃烧室,适用于导弹的PDE也已制造出来,并在实验室进行了验证。美国原计划于2003年在SR‑71"黑鸟"飞机上进行PDE的飞行试验,2005年对PDRE进行飞行试验,2009年发展出可供使用的PDRE。

同一时期,美国空军开始研究下一代侦察/攻击飞行器(有人和无人)及吸气式发动机用PDE。主要研究在涡轮风扇发动机的外涵采用脉冲爆震燃烧,以去掉发动机的加力燃烧室。理论计算认为,这种发动机的性能明显高于带加力的涡轮风扇发动机,当置于发动机外涵的PDE以100Hz的频率工作时,发动机的推力、耗油率和单位推力都比普通带加力燃烧室的发动机改善1倍。与此同时,美国空军也在研究脉冲爆震加力燃烧室(PDA)的概念。目前,PDA的概念研究已经获得成功,美国空军即将批准新一轮的在战斗机用涡轮风扇发动机上采用 PDA 的研究。

美国国防部预研局的 PDE 研究目标是用于尺寸非常小的武器和军用平台(如小型、微型飞行器和无人战斗机)的重量轻、成本低、寿命短的微型 PDE 推进系统。所发展的 PDE 系统以 JP-8 为燃料,直径为 1.27~15.24cm,推力为 0.009~8.9daN,由 GE 公司领导的研究小组负责实施。

NASA 的 PDE 研究涉及在所有航空推进领域应用脉冲爆震燃烧技术。NASA 先后开始实施了脉冲爆震发动机飞行计划、脉冲爆震发动机技术计划和脉冲爆震火箭发动机计划(PDRE)。

PDE 飞行研究计划的目的是开发和验证 PDE 的进气道技术、一体化 PDE 子系统(进气道/燃烧室/喷管)。通过地面风洞试验采集一体化的 PDE 的性能和运行数据,通过飞行试验验证 PDE 系统的性能和使用包线。

脉冲爆震发动机技术(PDET)计划也称革新航空飞行器推进(RPAV)计划,目标是满足全球民用航空运输的要求和实现技术革新。使飞机污染在 10 年内减少 2/3,在 25 年内减少 4/5。另外,使旅行成本在 10 年内减少 25%,在 25 年内减少 50%。发展的重点是混合 PDE 系统。

NASA 的 PDET 计划发展目标是在今后的 2~12 年内,研究在普通燃气涡轮发动机的加力燃烧室采用脉冲爆震燃烧的发动机概念,在 2020 年后,燃气涡轮发动机的主燃烧室将采用脉冲爆震燃烧的发动机概念,参与该计划的有 7 家机构,GE 公司总负责。

2002 年 6 月,GE 公司就开始运行一台 PDE,并产生了推力。该公司研究预测,在加力军用涡扇发动机的加力燃烧室采用爆震燃烧方式后,可节省 30%~50% 的燃油。

目前,NASA 的 PDRE 也取得了很大进展,由 Adroit NASA、空军参与的这一计划的目的是发展可用于入轨飞行器、星际飞行器和登月飞行器的低成本、轻重量的推进系统。一个小尺寸的 PDRE 已设计完成,从 2000 年 4 月开始进行部件试验。目前已完成了概念验证试验,高频反复爆震获得成功,同时验证了真空起动能力。原计划 2009 年研制出全尺寸可飞行的发动机。

近年来,加拿大、法国、以色列、日本、俄罗斯和瑞典等国也分别投入经费和制定计划开展 PDE 技术的研究。法国宇航公司马特拉导弹分部致力于研究用于低成本导弹、无人机或无人战斗机的 PDE,并估计研制这种 PDE 的费用不超过 800 万~1000 万欧元。目前,该部门正在与法国国立高等机械与航空技术学校合作进行试验和理论研究。2000 年,法国国防武器装备总署授予法国战术武器固体火箭发电机供应商克雷格公司一项合同,该部门将与法国航空航天研究院一道,用几年的时间研究用于长航时无人机的液体燃料 PDE,并设计一台全尺寸的试验型 PDE 用于地面试验。加拿大政府也于 2000 年启动了液体燃料的 PDE 研究计划,发展低成本的导弹、无人机和无人战斗机用 PDE 近年来我国的 PDE 研究也取得重大突破,有些技术还独具特色,引起国外专家的关注。

10.1.2 工作原理及性能

自然界中有两种燃烧波:一种是缓燃波,另一种是爆震波。缓燃波通常以亚声速传播,大多数碳氢燃料与空气的混合物的火焰传播速度约为几十厘米每秒至十几米每秒,它主要受层流或湍流的质量与热量扩散的控制。缓燃波使流体比体积增加,压力略有下降,可近似认为是等压过程。目前所有燃气轮机的燃烧过程均按等压过程处理,而爆震波则以几千米每秒的速度向未燃混合物传播。由于没有足够的时间使压力平衡,因此爆震过程接近等容过程。众所周知,基于等容燃烧过程的发动机比基于等压燃烧过程的发动机具有更高的热效率。PDE技术正是利用爆震波这一机理完成推进过程。

脉冲爆震发动机包括吸气式脉冲爆震发动机(PDE)和脉冲爆震火箭发动机(PDRE)两种类型,它们的基本工作原理是相同的,区别是吸气式PDE从空气中获得氧化剂,而PDRE自带氧化剂。

吸气式PDE主要由进气道、爆震室、尾喷管、爆震激发器、燃料供给和喷射系统及控制系统组成。脉冲爆震发动机工作原理如图10-1所示。

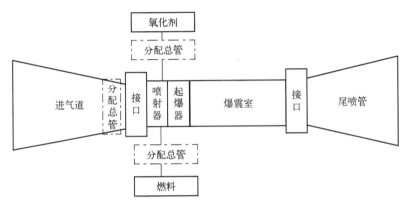

图10-1 脉冲爆震发动机工作原理示意图

PDE的基本工作循环包括四个步骤:第一步,爆震燃烧室充满可爆混合物;第二步,在燃烧室的开口或闭口端激发爆震波;第三步,爆震波在燃烧室内传播,并在开口端排出;第四步,燃烧产物通过一个清空过程从燃烧室中排出。图10-2是目前研究较多的两种PDE结构。

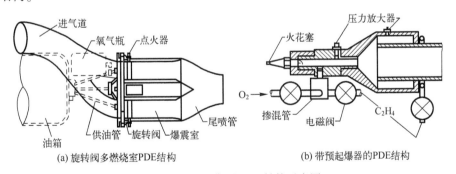

(a) 旋转阀多燃烧室PDE结构   (b) 带预起爆器的PDE结构

图10-2 两种典型PDE结构示意图

PDE基本工作过程如图10-3所示,主要有以下几个过程:①填充隔离气体;②可燃混合物填充;③点火;④爆震波的起爆形成和传播过程;⑤爆震波从开口端传出,膨胀波进入爆震室内;⑥爆震燃烧产物排出;⑦当爆震室内的压力低于燃料2空气喷射压力时,封闭端阀门打开,填充隔离气体,开始下一个循环。

相对于其他推进系统,PDE结构上的优点有:结构组成简单,而且可以成比例的放大

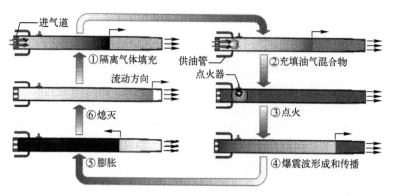

图 10-3　脉冲爆震发动机的工作循环

或缩小。脉冲爆震发动机可以在马赫数 0～10 以内工作,而且在起飞时也不需要助推器起飞。与脉动发动机不同,PDE 不是基于燃烧室声学共振原理的,他与燃烧室声学共振不是耦合的。从理论上讲,PDE 可以设计成尺寸很大、推力很大的推进系统。

爆震过程大幅度增加了爆震室中的压力,有效压缩了进气口中的空气,不需要压气机对来流进行预压缩,从而避免使用当前液体燃料推进发动机中所使用的压缩机、涡轮机等其他大型部件。此外,PDE 的特殊结构设计在供气过程中,避免使用旋转压缩机或其他复杂旋转机械等。普遍证明,PDE 相比于其他发动机零件数较少。PDE 简单的结构为推进系统提供了许多益处:较少的零件有效简化维护过程,有助于设计总体较轻的发动机,与同类发动机相比具有更高的推重比。因此,结构简单以及零件数量少使得 PDE 推进系统的成本大幅度降低。

脉冲爆震过程高热力学效率,使得 PDE 在各种不同的飞行条件下具有很高的理论特性。在理想的情况下,PDE 在速度范围是马赫数 0～10 范围内,单位推力和耗油率两方面的理论特性都超过传统的喷气发动机。这归因于脉冲爆震动力学过程中的近似等容过程。如图 10-4 所示,是与涡扇发动机外涵道配置的 PDE 爆震燃烧的总推力图。

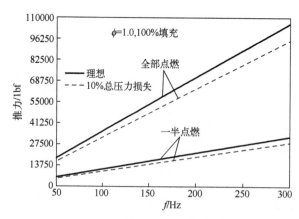

图 10-4　PDE 构成外涵的涡扇发动机与传统涡扇发动机的推力特性

混合式 PDE 的单位推力完全高于缓燃燃烧的传统涡扇发动机的推力。然而,如图 10-5 所示,Povinelli 针对非理想环境条件下 PDE 的研究结果表明,马赫数大约为 2.3

的温度比时,PDE 性能显著下降。

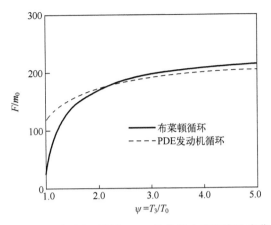

图 10-5　冲压发动机和 PDE 单位推力随温度比变化

　　PDE 除了在中低速范围内性能超过传统发动机,同时还展现其优越的燃油经济性。PDE 在极限温度下,爆震循环中有效减少未完全燃烧的碳氢化合物。同时,爆震的瞬间完成使热力学动力循环接近等容,提高了单位耗油率。图 10-6 展现了一些与混合涡扇 PDE 单位耗油量有关的因素,以及阐明在任何适当爆震频率下,PDE 系统的单位耗油量也明显低于传统涡扇发动机。上述结果表明,PDE 的性能可以与传统的发动机相媲美。PDE 混合系统很适合于中低马赫数,而普通冲压发动机或超燃冲压发动机初始工作条件必须达到中低马赫数,PDE 可以成为冲压发动机的理想助推器。

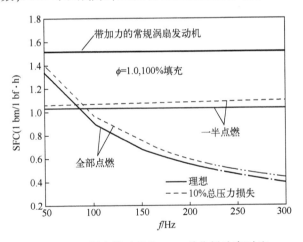

图 10-6　涡扇发动机和 PDE 单位耗油率对比

10.1.3　特点、优势和需要解决的问题

　　与一般喷气发动机相比,PDE 具有以下特点和优点:
　　(1) 由于没有压气机、涡轮等转动部件,结构简单、重量轻、推重比大(大于 20),是新一代高推重比军用发动机的理想方案。
　　(2) 等容燃烧(燃烧时容积不变、压力升高),热循环效率高,耗油率低,在民用发动

179

机领域也大有用武之地。

（3）工作范围宽,可在马赫数 0~10、高度 0~50km 范围内飞行;推力可调,推力范围 5~50000N。

（4）与冲压发动机不同,可以在地面静止状态起动。

（5）可以使用空气中的氧气或自带氧化剂,能分别以吸气式发动机或火箭发动机方式工作,可以实现空天往返飞行。

（6）由于采用间歇式循环,壁温不高,可采用普通材料,制造成本较低。

脉冲爆震发动机有多种用途,除独立用作动力装置,还可利用爆震燃烧构成外涵 PDE 涡轮风扇发动机、PDE 加力燃烧室(图 10-7)、基于 PDE 的混合循环和组合循环发动机(图 10-8),广泛应用于无人机、靶机、战斗机、高超声速隐身侦察机、战略轰炸机,远程导弹等,对 21 世纪空间和大气飞行器将产生深刻影响。

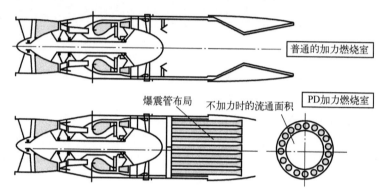

图 10-7 带 PDE 加力燃烧室的涡轮风扇发动机

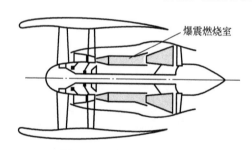

图 10-8 混合 PDE 发动机

尽管 PDE 的概念在实验室已得到了验证,并进行了部件试验,但要使这种发动机真正实用,还有以下技术问题需要解决。

（1）爆震的起爆、控制和保持。在实际尺寸的爆震管中,爆震的起爆和保持是非常困难的。过去,人们多在静止的气体中进行爆震的起爆研究,而且大部分研究采用很长的激波管,与实际应用的 PDE 长度不相符。此外,所获得的数据大多是在浓度均匀、无温度梯度的混合物中单次爆震的结果,难以代表多次爆震的结果。另外,实际 PDE 的工作频率很高,因此,低频下的结果很难作为高频下的设计依据。因此,要发展实用的 PDE,还必须进行大量的研究。

（2）液体燃料与氧化剂的雾化、喷射、掺混。对于液体燃料的 PDE 来说,燃料的喷射、掺混和点火是最困难的问题之一。有效的燃料喷射系统对满足 PDE 的高频运行非常重要。

（3）爆震过程的精确控制。对于采用旋转阀的爆震发动机来说,要求采用先进的同步系统以保证阀门可在精确的时间打开和关闭,完成燃料的填充并起爆燃油/空气混合物,时间过早或过晚都将失败。对于无阀的装置,要求产生的激波非常同步,以对气流进行精确控制。

（4）与高热通量和热疲劳有关的问题。PDE 的工作涉及长时间的大量发热和散热,因此与高热通量和高温热疲劳有关的问题对于飞机更为突出。尽管人们已经进行了几十年多用途爆震管的设计,但由于与组合热机械和脉冲疲劳有关的问题解决得不好,因此,适合 PDE 应用的数据还很少。今后的 PDE 管将采用金属和陶瓷材料,因此需要进行深入研究,找出这两种材料的"工作疲劳应力极限"。

（5）爆震现象的精确理论分析方法和试验技术。用真实化学模型和分子混合模型进行先进的数值模拟和多部件的爆震模拟,对深入了解爆震燃烧的机理非常重要。PDE 的试验技术与传统发动机的不同,如需要采用激光测速技术对气流进行测量等。

（6）噪声问题。PDE 工作时产生巨大的非线性噪声,需要研究降噪技术,包括主动噪声控制技术。

10.2　多(全)电发动机

10.2.1　应用背景与性能优势

未来飞机的起动系统、应急冲压空气涡轮、环境控制系统、机翼防冰系统、刹车系统和飞行控制系统等都将采用电力驱动。与传统采用机械、液压和气压作动系统的飞机相比,这种多电飞机不仅重量大大减轻,而且飞机的性能、维修性、可靠性和成本等指标也大大改善。

作为多电飞机的核心系统之一,多电发动机除提供飞机飞行所需推力外,还为飞机上的所有用电系统提供电力,发动机上的机械、液压和气压系统均采用电力驱动,并且无须润滑系统。与传统的发动机相比,多电发动机具有性能更好、结构更紧凑、维修性和可靠性更高、大大节省运行和维护成本等许多优势。

多电发动机将大大改善未来民用飞机的舒适性。电力系统取代传统的环境控制系统,可大大改善发动机的热力循环特性,增加飞机客舱的空气供应量并改善质量,同时可减少约1%的燃料消耗;装在发动机轴上的发电机可产生巨大的电力输出,满足飞机客舱舒适性和客舱设备的更多要求(电话、计算机和电视等)。

从军用的角度看,多电发动机技术可大大提高发动机的推重比,从而增大飞机的有效载荷。装在发动机轴上的整体起动/发电机可产生几兆瓦的电功率,除为多电飞机提供电力外,还可用于生成激光或微波束,作为机载高能束武器的能源。同时,多电发动机技术可延长飞机的免维修使用周期,简化前线维修程序。

10.2.2　结构组成

多电发动机是在传统的航空燃气涡轮发动机上,用主动磁浮轴承系统代替传统的接触式滚动轴承系统,用安装在主轴上的大功率内置式整体起动/发电机为发动机和飞机提供所需要的电源,用全电气化传动附件取代机械液压式传动附件,实现发动机和飞机的全电气化传动。同时,发动机的控制系统也由集中式全权数字电子控制系统改为分布式控制系统,发动机的燃油泵和作动器也改为电力驱动。

多电发动机的核心部件包括大功率整体启动/发电机、主动磁浮轴承系统、分布式控制系统、电动燃油泵和电力作动器等,图 10-9 是英国罗·罗公司多电发动机的结构示意图。

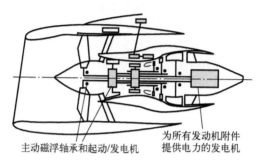

主动磁浮轴承和起动/发电机　　为所有发动机附件提供电力的发电机

图 10-9　多电发动机结构示意图

1. 整体起动/发电机

多电发动机的整体起动/发电机装在发动机轴上,提供飞机所用的大量电力。它利用电机的可逆原理,在发动机稳定工作前作为电起动机工作,带动发动机转子到一定转速,然后喷油点火,使发动机进入稳定工作状态。此后,发动机反过来带动电机,成为发电机,向飞机用电设备供电。

采用整体起动/发电机可取消功率传动轴和减速器,减小发动机的重量和迎风面积;所产生的电功率由两根以上的发动机轴分担,可以重新优化燃气发生器,有利于控制喘振和扩大空中点火包线,改善发动机的适用性;易于获得大的电功率,达几兆瓦。

在罗·罗公司多电发动机的高压和中压转子中,各有一个组合的主动磁浮轴承(AMB)和起动/发电机装置。这两个发电机可在轴间传递电力,使系统匹配更好,并在飞机下降中使推力能够减小,从而提高系统的总效率。

2. 主动磁浮轴承

主动磁浮轴承是利用电磁力使轴承稳定悬浮起来且轴心位置可以由控制系统控制的一种新型轴承,它包括位移传感器、控制器、功率放大器和电磁作动器,如图 10-10 所示。其工作原理是:位移传感器用于监视轴的位置,并将信息传入控制系统,控制系统确定必要的控制信号,并将控制信号送入功率放大器,改变流过电磁作动器的电流,使旋转轴位于轴承作动器的中心。

主动磁浮轴承具有无磨损、无须润滑、寿命长、转速高、无噪声、无污染、运行成本低、安全性高和振动小等许多优点。用主动磁浮轴承系统代替传统的接触式滚动轴承和润滑系统,可大大减少发动机的零件数,从而大大减轻系统的重量(预计大型航空发动机可减重 10%~15%),降低复杂性,改善可靠性和维修性,降低成本,免除普通发动机滑油带来的着火危险;同时,由于磁浮轴承能承受更高的温度(550~600℃),因此可设计得离燃烧

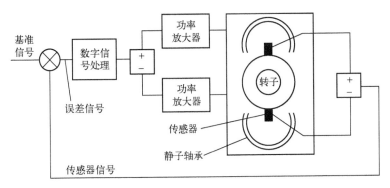

图 10-10　主动磁浮轴承控制原理

室或涡轮更近,这样使发动机的结构更紧凑。另外,采用主动磁浮轴承可以减少振动,改善发动机转子的动力学特性。同时,磁浮轴承可进行主动振动控制和叶尖间隙控制,还可进行状态监视。

图 10-11 为应用磁浮轴承的典型航空发动机的转子轴承结构。图 10-12 是美国为多电发动机发展的高温主动磁浮轴承。由于高温主动磁浮轴承是机电一体化的高新技术产品,涉及机械技术、电子技术、传感技术、控制技术和计算机技术等多个技术领域,存在很多技术难点,因此是国外多电发动机技术发展的重点。

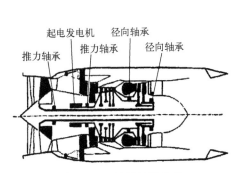

图 10-11　转子轴承结构

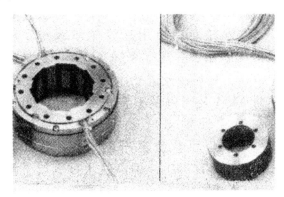

图 10-12　高温主动磁浮轴承

3. 分布式控制系统

目前,航空发动机所用集中式全权数字电子控制系统(FADEC)的所有控制处理和计算,以及输入、输出信号的滤波和处理都通过同一个 FADEC 装置实现。多电发动机分布式控制系统的数据总线与系统中多个灵巧作动器或传感器相连,每个灵巧作动器或传感器都具有一定的处理功能,可执行当地的功能。

采用分布式控制系统可大大减轻航空发动机的质量,提高可用性,改善故障隔离特性,减少寿命期成本,减轻驾驶员的工作负荷,改进发动机的控制,并带来故障检测和维修性方面的巨大好处。预计,采用分布式控制系统的大型民用发动机的质量可减轻 50kg 左右,维修成本可减少 20%~30%。

4. 电动燃油泵

电动燃油泵是多电发动机的重要部件。目前,航空发动机的主燃油泵都是固定排量

183

的齿轮泵,这种燃油泵可靠性很高。但由于齿轮泵的转速与发动机的转速直接相关,因此,在有些飞行状态下齿轮泵所提供的燃油远远高于发动机所需燃油量。为解决这个问题,需要大量的燃油重新流回燃油箱,结果是燃油的温度升高,因此需要对流回的燃油进行冷却,以防止燃油系统超温。

具有智能控制器的电动燃油泵的转速与发动机的转速不相关,因此,可根据发动机的需要调整转速,提供发动机所需的燃油量,而无须燃油流回。这样既减轻了系统的重量,也降低了系统的复杂性。目前,已在发动机上验证了这项技术。燃油泵中的一个双通道电子控制器通过数据总线获取燃油流量的需求信息,然后调节燃油阀的位置到所要求的燃油量。

5. 电力作动器

电力作动器也是多电发动机的重要部件之一。传统航空发动机所采用的液压作动器始终有泄漏的问题,因此,当发动机的系统性能下降时,总是难以判断是不是液压作动器的泄漏造成。采用电力作动器则很容易进行故障识别,因为发电机和功率电子设备都传递自己的信号。此外,传统机械液压作动器的拆除非常麻烦,需要有经验的维修人员执行操作,并需要地面保障设备的支持。而电力作动器的拆除非常简单,只需断开电路,拧下与作动器连接的螺栓即可。

6. 备份轴承

主动磁浮轴承存在的最大问题是当电力失效时,高速旋转的磁悬浮转子会迅速失去悬浮,造成灾难性后果。因此,多电发动机必须安装重量轻的备份轴承,以保证在磁浮轴承发生故障时能支承高速旋转的转子,而且能够工作30min以上。

10.2.3 技术发展

美国和欧盟在20世纪90年代先后都开始实施了多电发动机发展计划。美国参与多电发动机计划的部门,包括美国航空航天局(NASA)、陆军、空军、航空发动机制造商和轴承公司。

2000年11月,英国政府启动了为期4年的多电发动机和机翼系统(MEEAWS)计划,目标是发展装在发动机轴上的整体起动/发电机和主动磁浮轴承,用电力系统取代液压、气压系统,降低飞机重量和成本,提高可靠性。

2002年2月,欧盟在第5框架计划下,投资1亿欧元开始实施电力优化飞机(POA)计划,该计划是目前欧盟投资的ANTLE(经济的近期低污染)计划的继续。ANTLE是欧洲从2000年3月1日开始实施的发展多电发动机技术的重要计划。POA计划的目的是优化机载能量管理,确定、优化和验证革新的飞机机载设备,使非推进功率消耗减少25%,燃油消耗减少5%,同时降低维护成本,提高可靠性和安全性。参与该计划的有46家机构。预计经过5~10年的开发,多电发动机可获得实用。

1. 高温主动磁浮轴承技术的发展

高温主动磁浮轴承技术是国外多电发动机技术发展的重点。1994年,美国艾利逊公司和Synchrony公司就开始联合开发燃气涡轮发动机用磁浮轴承系统。从1998年开始,美国空军和NASA的格林研究中心、艾利逊先进技术开发公司、得克萨斯A&M公司以及弗吉尼亚大学一道进行高温磁浮轴承的试验,目标是验证537~649℃的主动磁浮轴承技术。2000年,美国将高温磁浮轴承技术列入航空关键技术计划。美国的国家级综合高性能涡轮发动机技术(IHPTET)计划的正在进行的第三阶段已经成功地验证了高温主动磁浮轴承和整体起动/发电机。此外,美国空军的另一项计划是在2003年,在一台喷气发动机的高压轴上采用磁浮轴承,并进行地面试验。2010年左右,进行磁浮轴承的飞行试验。

1998年4月,欧洲启动了飞机涡轮发动机用主动磁浮轴承(AMBIT)计划。这项为期3年的基础性研究计划的目的是开发主动磁浮轴承和备份轴承,同时预测它们的性能,并确定它们在高温和高动态载荷条件下的工作极限。该计划重点发展了高温材料和可靠的控制技术,并开发预测性能的分析工具,最后在试验台上验证了所获得的技术。2000年3月,AMBIT计划顺利结束。

由于AMBIT进展顺利,2002年1月,欧洲启动了AMBIT的后继计划,即灵巧航空发动机用磁浮轴承计划(MAGFLY)。该计划为期42个月,总投资436.767万欧元,参与该计划的有包括航空发动机公司、轴承公司、大学和软件公司在内的10家机构。该计划的目标是开发航空发动机用主动磁浮轴承。

2. 整体起动/发电机技术的发展

目前,美国和欧洲都在研究内置式整体起动/发电机技术。美国的研究工作在MEA(多电飞机)计划和IHPTET计划下进行。美国第一代多电飞机采用外装式整体起动/发电机,功率为300kW,功率密度是现有水平的2倍。2005年,美国第二代多电飞机的发展将采用内置式整体起动/发电机,其功率为500kW,功率密度是现有水平的3倍,MTBF(平均故障间隔时间)为15000h,是现有水平的6~10倍。2012年,美国的第三代多电飞机将综合运用内置式整体起动/发电机、超导发电机和储能装置,使多电发动机产生的电力达到兆瓦级。2002—2005年,欧盟实施了电力优化飞机(POA)技术验证计划,在该计划的多电航空发动机研究项目中,欧盟以配装A330飞机的瑞达-500发动机为平台,进一步开发和验证了电气装置、整体起动/发电机和主动磁力轴承,POA计划中起发电机的静子和转子外形如图10-13所示。

图10-13　POA计划的起动/发电机

10.2.4　关键技术与技术难点

多电发动机的设计要求有重量轻、体积小、功率密度高、结实耐用、发动机与飞机系统的高度综合、耐高温、热管理特性好和控制技术先进等。为此,必须解决一系列的关键技术。

（1）高温主动磁浮轴承技术。

① 非接触式高温位置传感器。技术难点包括传感器在 0~600℃ 范围内的温度补偿技术、小直径(0.1mm 左右)传感器线圈的制造技术以及高温下的稳定工作。目前,已经试验了能在 650℃ 下工作的电感式位置传感器。

② 高温铁磁体材料。需发展磁浮轴承转子和静子叠片用耐高温、高饱和磁密、高强度和低涡流损失的铁磁材料。钴-铁合金 AFK502R 具有高的饱和磁密、高强度和高温极限(达 8500℃),粉末冶金铁磁材料能够显著降低涡流损失,超导材料也在研究之中。

③ 电磁线圈绝缘材料。多电发动机的磁性轴承需要在 550℃ 的高温下工作,因此需要采用耐高温的绝缘材料作为励磁线圈的绝缘层。目前采用的陶瓷材料比较脆,加工中容易破裂、脱落,并且寿命较短,需要发展寿命长、性能更好的绝缘材料。

（2）内置式整体起动/发电机技术。内置式整体起动/发电机的技术难点除了与磁浮轴承类似的高温铁磁材料和绝缘材料、涡流损失控制、电磁屏蔽和与发动机的综合控制外,还有起动/发电机的设计和起动/发电机与发动机的一体化设计。

（3）分布式控制技术。分布式控制系统的关键技术有:分布式控制系统的总体结构和运行模式;余度多路传输光纤总线;多余度数字处理机及并行处理技术。

（4）高温电子设备及其绝缘技术。常规电子设备的耐温能力为 125℃。多电发动机的电子设备处于高温工作环境,因此需要发展耐高温的电子设备,研究中的碳化硅芯片已可在 300~400℃ 的高温下长期工作,在 650℃ 短期工作。此外,砷化稼和铝砷化稼材料也是耐高温电子设备有前途的材料。

目前,电子机械的绝缘材料受最高温度 200℃ 的限制。因此,要发展尺寸更小、重量更轻和功率更高的电子机械,就需要新的绝缘技术,玻璃陶瓷绝缘材料是发展方向之一。

（5）高温电子设备的热管理技术。现有的电子设备通常发出大量的热。在航空航天受限制的环境下保持部件的温度是很困难的,需要复杂的冷却系统,但这又增加了系统的成本和重量。没有好的热管理系统,电子机械的寿命和可靠性将下降。另外,热管理也是提高电力系统功率密度的关键,它可以减少总系统的重量,因此需研究高温电子设备的热管理技术。

（6）备份轴承技术。备份轴承的技术难点包括备份轴承的结构设计、高温润滑脂的研制和发动机转子在备份轴承支撑下的动态性能研究。

（7）轻重量的变速、变流量电动燃油泵技术。

参 考 文 献

1. 赵恺之. 浅析空天飞机在未来的军事作用[J]. 中国战略新兴产业,2017(32):20.

2. 邓帆,陈林,宋巍,等. 英国空天飞机云霄塔的总体方案设计及任务需求分析. 飞航导弹,2017(02):41-45.

3. 张卫,王宇宁,李勋. 空天飞机发展及其对策分析[J]. 国防科技,2014,35(06):68-70.

4. 康开华. 英国"云霄塔"空天飞机的最新进展[J]. 国际太空,2014(07):42-50.

5. 彭小波. 空天飞机热防护系统连接结构热载与强度分析[J]. 导弹与航天运载技术,2012(06):1-4.

6. 邓帆,谭慧俊,董昊,等. 预冷组合动力高超声速空天飞机关键技术研究进展[J]. 推进技术,2018,39(01):1-13.

7. 王景泉. 美国军用空间飞机发展概述[J]. 国际太空,2010(05):11-16.

8. 谢佐慰. 美国空天飞机发展概况[J]. 世界导弹与航天,1987(03):21-24

9. Miyagi H Miyagawa H, et al. Combine Cycle Research in Japanes HYPR Project[R]. AIAA-95-2751.

10. Shigeo KOBAYSHI, et al. Japanese Spaceplane Program Overview[R]. AIAA-95-6002.

11. 骆广琦. 并联式 TBCC 推进系统一体化设计与数值模拟[R]. 西安:西水工业大学,2010.

12. 孙廷宏. 俄罗斯的空天飞机计划[J]. 国际太空,2004(08):10-15.

13. 孙强,王健,马会民. X-51A 超燃冲压发动机的研制历程[J]. 飞航导弹,2011(1):67-71.

14. 方昌德. 航空发动机的发展历程[M]. 北京:航空工业出版社,2007.

15. 马杰,梁俊龙. 液体冲压发动机技术发展趋势和方向[J]. 火箭推进,2011,37(4):12-17.

16. 鲍福廷,黄熙君,张振鹏,等. 固体火箭冲压组合发动机[M]. 北京:中国宇航出版社,2006.

17. 何立明. 飞机推进系统原理[M]. 北京:国防工业出版社,2006.

18. 郭琦,李兆庆,卢传义. 第四代战斗机的动力装置[J]. 燃气涡轮试验与研究,2005,18(2):58-62.

19. 索德军,孙明霞,梁春华,等. 美国战斗机发动机技术研究与产品研制的发展特点及趋势分析[J]. 航空发动机,2016,42(06):82-89.

20. 王春利. 航空航天推进系统[M]. 北京:北京理工大学出版社,2004.

21. 宋笔锋. 航空航天技术概论[M]. 北京:国防工业出版社,2006.

22. 琚春光,东华鹏,王国辉. 航天运输系统对火箭发动机的需求[J]. 导弹与航天运载技术,2011(04):23-27.

23. Tetsuya Sato et al. DEVELOPMENT STUDY OF THE PRECOOLER OF ATREX ENGINE[R]. AIAA 2003-6985.

24. Tetsuya Satot, et al. DEVELOPMENT STUDY OF THE ATREX ENGINE FOR TSTO SPACEPLANE[R]. AIAA 2001-1839.

25. Vladimir V. Balepin, et al. The SteamJet™: Mach 6+ Turbine Engine with Inlet Air Conditioning[R]. AIAA-2001-3238.

26. Preston Carter, et al. MASS INJECTION AND PRECOMPRESSOR COOLING ENGINES ANALYSES[R]. AIAA-2002-4127.

27. 刘大响,陈光,等. 航空发动机——飞机的心脏[M]. 北京:航空工业出版社,2003.

28. 唐鑫,严聪. 新概念冲压发动机研究综述[J]. 飞航导弹,2012(06):84-90.

29. 裴晨曦,武晓松,王栋. 脉冲爆震发动机综述[J]. 江苏航空,2010(S1):8-12.

30. 毛根旺,唐金兰,等. 航天器推进系统及其应用[M]. 西安:西北工业大学出版社,2009.

31. 王春利. 航空航天推进系统[M]. 北京:北京理工大学出版社,2004.

32. Bilardo V J , et al. The Benefits of Hypersonic Airbreathing Launch Systems for Access to Space[R]. AIAA 2003-5265.

33. Eric Gamble, Dan Haid. IMPROVING OFF-DESIGN NOZZLE PERFORMANCE USING FLUIDIC INJECTION[R]. AIAA 2004-1206.